Schäden an der Fassade

Problempunkte und Sanierung von Fassadenkonstruktionen

48. Bausachverständigen-Tag im Rahmen der Frankfurter Bautage 2013

Schäden an der Fassade

Problempunkte und Sanierung von Fassadenkonstruktionen

48. Bausachverständigen-Tag im Rahmen der Frankfurter Bautage

Tagungsband

Veranstalter:
RKW Kompetenzzentrum, RG-Bau, Eschborn
mit
Fraunhofer-Informationszentrum Raum und Bau IRB, Stuttgart
IFB Institut für Bauforschung e. V., Hannover
VBD Verband der Bausachverständigen Deutschlands e. V.
R + Versicherung

Fraunhofer IRB Verlag

Veranstalter:
RKW Kompetenzzentrum, RG-Bau,
Düsseldorfer Straße 40A, 65760 Eschborn
mit
Fraunhofer-Informationszentrum Raum und Bau IRB, Stuttgart
IFB Institut für Bauforschung e. V., Hannover
VBD Verband der Bausachverständigen Deutschlands e. V.
R + V Versicherung

Bibliografische Information der Deutschen Nationalbibliothek
Die Deutsche Nationalbibliothek verzeichnet diese Publikation in der Deutschen Nationalbibliografie; detaillierte bibliografische Daten sind im Internet über www.dnb.de abrufbar.

ISBN (Print) 978-3-8167-9069-3
ISBN (E-Book) 978-3-8167-9070-9

Schäden an der Fassade
Problempunkte und Sanierung von Fassadenkonstruktionen
48. Bausachverständigen-Tag im Rahmen der Frankfurter Bautage 2013
Tagungstermin: 27. September 2013
Tagungsort: Kongresszentrum der Deutschen Nationalbibliothek, Frankfurt am Main

Fachreferent Bausachverständigentag
Dipl.-Ing. Günter Blochmann, RKW Kompetenzzentrum

Redaktion: Sabine Marquardt, Fraunhofer IRB Verlag
Satz: Mediendienstleistungen des Fraunhofer IRB, Stuttgart
Druck und Bindung: BoD – Books on Demand, Nordersted

Fraunhofer-Informationszentrum Raum und Bau IRB
Nobelstraße 12, 70569 Stuttgart
Telefon +49 7 11 9 70 -25 00
Telefax +49 7 11 9 70 -25 08
irb@irb.fraunhofer.de
www.baufachinformation.de
Titelbilder: Dipl.-Ing. Michael Krätschell

Vorwort

Fassaden übernehmen den Witterungsschutz, gewährleisten eine behagliche Innenraumsituation und beeinflussen wesentlich die Energieeffizienz eines Gebäudes. Durch die energetische Optimierung mit hochwärmedämmenden Fassaden steigen die Herausforderungen an sinnvolle technische und konstruktive Lösungen. Die Planung und Ausführung von Fassaden erfordert deshalb besondere Sorgfalt bei Planern, Ingenieuren und ausführenden Unternehmen. Trotzdem kommt es immer wieder zu erheblichen bautechnischen Mängeln und Schäden, die hohe Kosten verursachen.

Auf dem 48. Bausachverständigen-Tag hinterfragen deshalb namhafte Sachverständige und Experten kritisch die gegenwärtigen Fassadenkonstruktionen und zeigen die Problempunkte auf. Aus der Sichtweise des Praktikers und Sachverständigen werden typische Schadensbilder und ihre Ursachen sowie die zugrunde liegenden Fehler aufgezeigt und analysiert. Empfehlungen für mangelfreie und dauerhafte Fassadenkonstruktionen und Hinweise zur wirtschaftlichen Sanierung und Instandsetzung helfen, Schäden an Fassaden richtig zu beurteilen und eine Sanierungsplanung vorzunehmen.

Neue Regelungen und Vorschriften werden vorgestellt und kommentiert.

RKW Kompetenzzentrum, RG-Bau

Günter Blochmann

Inhaltsverzeichnis

Energetische Fassadensanierung – Pro und Contra EnEV 2014

Die Verordnung über energiesparenden Wärmeschutz und energiesparende Anlagentechnik bei Gebäuden (Energieeinsparverordnung – EnEV) befindet sich vor einer erneuten Novellierung. Im vorliegenden Beitrag werden anhand des Entwurfes zur EnEV 2014 die zu erwartenden Folgen für den Bereich der energetischen Fassadensanierung beleuchtet.

Michael Krätschell

Abstract: Die EnEV enthält im öffentlichen Interesse der Energieeinsparung Vorgaben, wann und wie an Bestandsgebäuden eine energetische Fassadensanierung verpflichtend zu erfolgen hat. Sie stellt somit das zentrale Lenkungswerkzeug für den Umfang von energetischen Fassadensanierungen dar. Kaum ein Aspekt der EnEV führt in der Praxis zu so viel Diskussion und Konfrontation, wie die Vorschriften zur energetischen Fassadensanierung. Hierzu trägt auch die mediale Aufarbeitung des Themas bei, welche zumindest in großen Teilen über »Schwarz-Weiß-Malerei« zur Verhärtung der Fronten führt. Dabei haben sowohl Kritiker als auch Befürworter, die mit der Materie der energetischen Fassadensanierung insgesamt vertraut sind, sachlich nachvollziehbare Argumente für und gegen die EnEV. Der vorliegende Bericht geht in erster Linie auf die zu erwartenden Neuerungen/Änderungen zwischen der EnEV 2009 und der EnEV 2014 ein. Auch hier ergeben sich neue Pro und Contras.

Keywords: EnEV 2014, EnEV-Entwurf, Dämmpflicht, Anforderungsniveau, Energieausweis, Wärmedämmverbundsystem, Verschlechterungsverbot, Bauteilnachweis, Wirtschaftlichkeit, Wärmeschutzverordnung 1984, sommerlicher Wärmeschutz.

1 EnEV 2014 – Aktueller Stand

»Keine Erhöhung für den Bestand!«. So lautete die Kurzzusammenfassung vieler online-Newsletter nach Bekanntwerden des Entwurfes zur EnEV 2014 [1]. Je nach Interessenlage resultierte in der Praxis daraus ein Aufatmen bis hin zur endgültigen Infragestellung des gesamten Sinnes der EnEV. Den aktuellen Stand der EnEV 2014 gibt zum Zeitpunkt der Erstellung des vorliegenden Berichtes der Entwurf gemäß Kabinettsbeschluss vom 06.02.2013 wieder: www.bmvbs.de. Mit Beschlussfassung vom 05.07.2013 wurde dieser EnEV-Entwurf allerdings vom Bundesrat zur Nachbesserung wieder an die zuständigen Ausschüsse zurückgewiesen. Hinsichtlich der Anforderungen an Bestandsgebäude ist davon auszugehen, dass mit der geforderten Nachbesserung eine noch fehlende Regelung zum Nachweis der Wirtschaftlichkeit von energetischen Ertüchtigungsmaßnahmen in die EnEV 2014 aufgenommen wird. Grundsätzliche Änderungen bezüglich der Anforderungen an Bestandsgebäude sind nach aktuellem Kenntnisstand nicht zu erwarten. Im

Folgenden werden daher die Neuerungen der EnEV 2014 aus dem Entwurf vom 06.02.2013 behandelt, die sowohl unmittelbar als auch mittelbar einen Einfluss auf die energetische Fassadensanierung haben.

1.1 Auslösetatbestand – wann fordert die EnEV 2014?

Die EnEV 2014 regelt in § 9 – Änderungen, Erweiterungen und Ausbau von Gebäuden – unter welchen Umständen sie bei einer Fassadensanierung verpflichtend zu berücksichtigen ist. Als primärer Auslösetatbestand gilt die Überschreitung eines bestimmten Flächenanteils im Zuge der Sanierung. Erst wenn die zu sanierende Außenwandfläche größer als 10 % der gesamten Außenwandfläche ist, sind die Regelungen der EnEV 2014 überhaupt zu berücksichtigen (und dies auch nur für die betroffenen, zu sanierenden Flächen). Die EnEV 2014 gleicht in diesem Punkt der EnEV 2009 [2], wobei einzelne Formulierungen zur Klarstellung angepasst wurden.

Eine weitreichende Neuerung im Zusammenhang mit dem Auslösetatbestand ergibt sich über die angepasste Anlage 3 der EnEV 2014. Dort ist analog zur EnEV 2009 ein Fall aufgeführt, bei dem die Vorgaben der EnEV im Zuge einer Außenwandsanierung nicht zu berücksichtigen sind. Nach EnEV 2009 ist dies ein Schwellenwert des Wärmedurchgangskoeffizienten der betroffenen Außenwand von $U \leq 0{,}90$ [W/m²K]. Gemäß EnEV 2014 soll zukünftig allein auf das Baualter der Außenwand abgestellt werden. Ist eine Außenwand nach dem 31.12.1983 (bzw. mindestens gemäß Wärmeschutzverordnung 1984 [3]) errichtet oder erneuert worden, unterliegt eine Sanierung an dieser Außenwand nicht den Vorgaben der EnEV 2014. Somit sind nach EnEV 2014 alle Außenwände, welche nach dem 31.12.1983 errichtet oder nach energiesparrechtlichen Vorschriften erneuert wurden, pauschal von einer Dämmpflicht befreit.

Pro: Gemäß offizieller Begründung zur EnEV 2014 [1] soll durch die Inbezugnahme des in der Regel leichter feststellbaren Baualters anstatt des U-Wertes eine klarere Fallunterscheidung in der Praxis ermöglicht werden. Zumindest wird durch diese Regelung vermieden, dass, wie bisher häufig der Fall, pauschale U-Wertangaben aus der Fachliteratur als unzutreffende Entscheidungsgrundlage gegen oder für eine energetische Sanierung herangezogen werden.

Contra: Zur Einhaltung der Wärmeschutzverordnung 1984 [3] musste damals ein mittlerer U-Wert unter Berücksichtigung aller Außenbauteile eingehalten werden. Eine explizite Anforderung an den U-Wert von Außenwänden ergab sich für Gebäude zu dieser Zeit ausschließlich über die damalige DIN 4108-2, Ausgabe 1981. Nach dieser Norm war ein U-Wert von bis zu 1,39 [W/m²K] zulässig. Insofern besteht das Risiko, dass Sanierungen an Außenwänden mit U-Werten weit oberhalb von 0,90 [W/m²K] zukünftig von einer Dämmpflicht befreit sind.

Die zweite, weitreichende Neuerung in der EnEV 2014 ist der gänzliche Verzicht auf Anforderungen bei Innendämmmaßnahmen, welche erst mit der EnEV 2009 eingeführt wurden.

Pro: Gemäß offizieller Begründung zur EnEV 2014 [1] wird davon ausgegangen, dass durch eine freiwillige Lösung bei einer energetischen Fassadensanierung mittels Innendämmung in der Summe mehr Energieeinsparung erzielt werden kann, als durch eine starre Vorschrift, die von eigentlich sinnvollen Maßnahmen abhält.

Contra: Durch den vollständigen Verzicht auf Anforderungen geht der Beratungsbedarf von Bauherren bei Innendämmmaßnahmen in Teilen verloren. Nach dem Motto: Wo kein Anforderungswert besteht, bedarf es auch keiner (bauphysikalischen) Beratung/Begründung, warum dieser Wert im konkreten Einzelfall nicht eingehalten werden kann.

1.2 Anforderungsniveau – was fordert die EnEV 2014?

Die Anforderungen an den U-Wert bei einer energetischen Fassadensanierung werden mit der EnEV 2014 nicht angehoben. Der zulässige U-Wert beträgt beim Bauteilnachweis nach EnEV weiterhin $U_{max} = 0{,}24$ [W/m²K] für normal temperierte Zonen und Wohngebäude und $U_{max} = 0{,}35$ [W/m²K] für niedrig temperierte Zonen.

Für den Fall, dass zur Erfüllung der Anforderungen kein Bauteilnachweis geführt wird, sondern die Alternative eines Nachweises über den Jahres-Primärenergiebedarf und des spezifischen Transmissionswärmeverlustes geführt wird, ermöglicht die EnEV 2014 zum Teil sogar eine Verringerung des Dämmniveaus gegenüber der EnEV 2009. Dies liegt daran, dass bei sonst gleichen Bedingungen mit der EnEV 2014 der Primärenergiefaktor für Strom von 2,6 (EnEV 2009) schrittweise auf 1,8 abgesenkt werden soll. Insbesondere Gebäude mit vorhandenen bzw. im Zuge der Sanierung geplanten elektrischen Wärmeerzeugern (z. B. Wärmepumpe) werden dadurch im Verhältnis zur EnEV 2009 rechnerisch »entlastet«. Diese »Entlastung« kann dazu führen, dass geringere Dämmstoffdicken umgesetzt werden, als noch nach EnEV 2009 erforderlich.

Für das in Bild 1 dargestellte Einfamilienhaus wurde diese mögliche Verringerung für den Fall einer energetischen Sanierung beispielhaft rechnerisch überprüft. Während zur Einhaltung des Jahres-Primärenergiebedarfs nach der EnEV 2009 aufgrund der ungünstigen primärenergetischen Bewertung des Stroms noch eine mindestens 16 cm dicke Außenwanddämmung erforderlich ist, reicht zur Einhaltung der EnEV 2014 eine mindestens ca. 8 cm Außenwanddämmung. Für den hier betrachteten, vergleichsweise extremen Fall, ergibt sich durch die EnEV 2014 gegenüber der EnEV 2009 eine theoretisch mögliche Reduzierung des Anforderungsniveaus bei der energetischen Außenwandsanierung von ca. 50 %.

Pro: Eine weitere Anhebung der U-Wertanforderung von 0,24 [W/m²K] auf 0,20 bis zu 0,16 [W/m²K], wie es die Begleitgutachten [4, 5] zur EnEV-Novelle noch als wirtschaftlich darstellen, würde nach [6] möglicherweise die energetische Fassadensanierung in der Breite hemmen. Die Beibehaltung des Anforderungsniveaus kann auch als Chance zur Versachlichung der Diskussion mit Dämmstoffkritikern gesehen werden.

Contra: Der Spielraum, welcher durch die primärenergetisch günstigere Bewertung von Strom nach EnEV 2014 gegenüber der EnEV 2009 für Bestandsgebäude entsteht, wird nicht durch eine Anhebung des Anforderungsniveaus an den baulichen Wärmeschutz kompensiert. Nach EnEV 2014 sanierte Bestandsgebäude weisen dadurch möglicherweise einen schlechteren baulichen Wärmeschutz auf, als nach EnEV 2009 sanierte.

Nettovolumen	350 m³		
Nutzfläche	126 m²		
Wärmeerzeuger	Luft/Wasser-Wärmepumpe		
Warmwasser	elektrisch		
Bodenplatte	63 m²	0,60	[W/m²K]
Fenster Nord	6 m²	1,30	[W/m²K]
Fenster Süd	6 m²	1,30	[W/m²K]
Fenster Ost	9 m²	1,30	[W/m²K]
Fenster West	9 m²	1,30	[W/m²K]
Dachfenster	9 m²	1,50	[W/m²K]
Schrägdach	70 m²	0,32	[W/m²K]
Außenwände **EnEV 2009**	125 m²	**max. 0,20**	[W/m²K]
Außenwände **EnEV 2014**	125 m²	**max. 0,40**	[W/m²K]

Bild 1: betrachtetes fiktives Einfamilienhaus

Eine Erhöhung der Anforderungen ergibt sich nach EnEV 2014 ausschließlich für die Fälle, in denen die Dämmschichtdicke bei der Sanierung einer Außenwand aus technischen Gründen begrenzt ist (z.B. bei Grenzbebauung). Statt Dämmstoffe mit einer Wärmeleitfähigkeit von $\lambda \leq 0{,}040$ [W/mK] sind gemäß EnEV 2014 Dämmstoffe mit einer Wärmeleitfähigkeit von $\lambda \leq 0{,}035$ [W/mK] einzusetzen. Dies entspricht einer Verschärfung des Anforderungsprofils um 12,5 %.

Pro: Gemäß offizieller Begründung zur EnEV 2014 [1] ist die Erhöhung der Anforderung in Anbetracht der Weiterentwicklung in der Dämmstoffindustrie technisch begründet sowie aufgrund der nur unwesentlich höheren Anschaffungskosten folgerichtig.

Contra: Dämmstoffe aus nachwachsenden Rohstoffen sowie als Einblasdämmungen verwendete Produkte weisen häufig eine höhere Wärmeleitfähigkeit als $\lambda \leq 0{,}035$ [W/mK] auf. Eine Sonderregelung für diese Dämmstoffe ist in der EnEV 2014 nur für Dachflächen sowie Decken und Wände gegen unbeheizte Dachräume vorgesehen, jedoch nicht für Außenwände.

1.3 Energieausweis nach EnEV 2014

Im Zuge von Energieausweiserstellungen sollen Modernisierungsempfehlungen unter anderem als Auslöser einer energetischen Fassadensanierung dienen. Die EnEV 2014 schreibt als Neuerung die Integration von Modernisierungsempfehlungen in den Energieausweis vor. Statt einer gesonderten Anlage zum Energieausweis, wie es gemäß EnEV 2009 der Fall ist, enthält der Energieausweis nach EnEV 2014 ein entsprechendes integriertes Textfeld (siehe Bild 2).

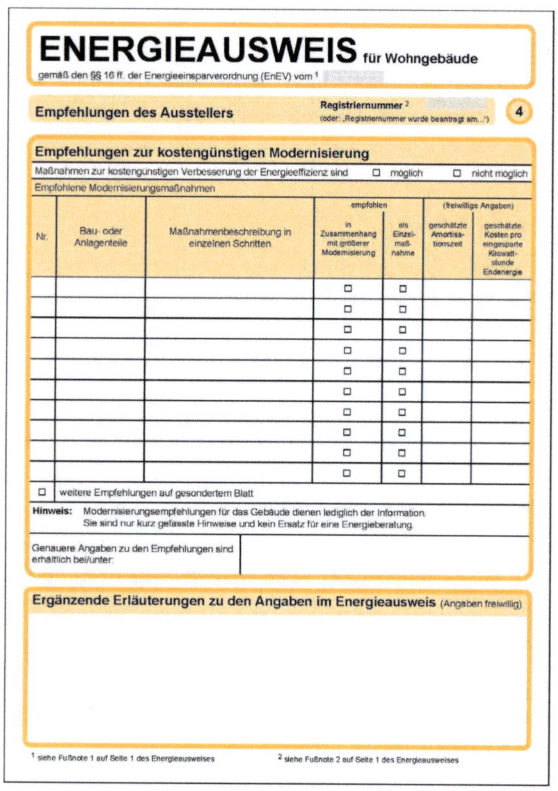

ENERGIEAUSWEIS für Wohngebäude

gemäß den §§ 16 ff. der Energieeinsparverordnung (EnEV) vom [1]

Empfehlungen des Ausstellers | **Registriernummer** [2] (oder: „Registriernummer wurde beantragt am...") | 4

Empfehlungen zur kostengünstigen Modernisierung

Maßnahmen zur kostengünstigen Verbesserung der Energieeffizienz sind ☐ möglich ☐ nicht möglich

Empfohlene Modernisierungsmaßnahmen

Nr.	Bau- oder Anlagenteile	Maßnahmenbeschreibung in einzelnen Schritten	empfohlen: in Zusammenhang mit größerer Modernisierung	empfohlen: als Einzelmaßnahme	(freiwillige Angaben): geschätzte Amortisationszeit	(freiwillige Angaben): geschätzte Kosten pro eingesparte Kilowattstunde Endenergie
			☐	☐		
			☐	☐		
			☐	☐		
			☐	☐		
			☐	☐		
			☐	☐		
			☐	☐		
			☐	☐		
			☐	☐		
			☐	☐		

☐ weitere Empfehlungen auf gesondertem Blatt

Hinweis: Modernisierungsempfehlungen für das Gebäude dienen lediglich der Information. Sie sind nur kurz gefasste Hinweise und kein Ersatz für eine Energieberatung.

Genauere Angaben zu den Empfehlungen sind erhältlich bei/unter:

Ergänzende Erläuterungen zu den Angaben im Energieausweis (Angaben freiwillig)

[1] siehe Fußnote 1 auf Seite 1 des Energieausweises [2] siehe Fußnote 2 auf Seite 1 des Energieausweises

Bild 2: Auszug aus dem Energieausweis nach EnEV 2014 für Wohngebäude [1], Seite 4 Modernisierungsempfehlungen

Darüber hinaus enthält die EnEV 2014 Neuerungen, nach denen erstellte Energieausweise zur besseren Identifikation eine Registrierungsnummer enthalten müssen. Ferner werden erstellte Energieausweise nach EnEV 2014 einer Stichprobenkontrolle unterzogen.

Pro: Gemäß offizieller Begründung zur EnEV 2014 [1] wird durch die Änderung das bisherige Konzept der »begleitenden« Empfehlung bei Energieausweisen aufgehoben. Durch die direkte Verankerung der Modernisierungsempfehlungen im Energieausweis sowie deren Kontrolle durch Stichproben werden in der Praxis möglicherweise mehr Potenziale der energetischen Fassadensanierung genutzt.

Contra: Aus Sicht des Autors dürften in diesem Punkt gegenüber der EnEV 2014 aus der Praxis keine Bedenken/Einwände bestehen.

1.4 Verschlechterungsverbot nach EnEV 2014

Unabhängig von allen Regelungen und Anforderungen der EnEV gilt bei Veränderung von Außenbauteilen das pauschale Verbot zur Verschlechterung der energetischen Qualität des Gebäudes nach EnEV 2009 § 11 – Aufrechterhaltung der energetischen Qualität –. Die EnEV 2014 enthält nach wie vor dieses Verschlechterungsverbot, stellt als Neuerung nur noch klar, dass dieses Verbot nicht gilt, sofern die betroffene Außenbauteilfläche kleiner als 10 % ist. Damit wird die formale Lücke der EnEV 2009 mit Bezug auf die schon bestehende Bagatellgrenze bei Änderung von Außenbauteilen gemäß § 9 der EnEV geschlossen (vgl. Kapitel 1.1). Weitere Änderungen/Neuerungen enthält die EnEV 2014 in diesem Zusammenhang nicht. Aus der Praxistätigkeit des Autors heraus ergibt sich im Zusammenhang mit energetischen Fassadensanierungen und dem Verschlechterungsverbot jedoch immer häufiger eine Fragestellung, welche im Rahmen des vorliegenden Beitrags an einem Beispiel vorgestellt werden soll.

Durch eine nachträgliche energetische Fassadensanierung wird nicht nur Einfluss auf das winterliche, sondern auch auf das sommerliche Gebäude- und Raumklimaverhalten genommen. Wie durch Experimente und Messungen an realen Gebäuden unter anderem an der TU-Wien [7] belegt wurde, ist im häufig vorkommenden Fall hell verputzter, monolithischer Außenwände der Wärmestrom von ungekühlten Räumen im Sommer im Tagesmittel in der Regel immer nach außen gerichtet. Es findet im Mittel eine »thermische Entladung« der Räume anteilig über die Außenwände statt. Aus den Messungen an der TU-Wien [7] an monolithischen Außenwänden mit oder ohne Wärmedämmverbundsystem (WDVS) wurde abgeleitet, dass: »die durchschnittliche Raumtemperatur während des Sommers in einem Gebäude ohne außenliegende Dämmebene niedriger ist, als in einem Gebäude mit WDVS«.

Im Gebäudebestand herrschen nicht selten ungünstige Bedingungen hinsichtlich des sommerlichen Wärmeschutzes vor. Insbesondere in bestehenden Nichtwohngebäuden und Mehrfamilienhäusern kommt es bereits zur regelmäßigen Überhitzung von Aufenthaltsräumen während des Sommers. Eine weitere Verschlechterung des sommerlichen Wärmeschutzes bzw. die Erhöhung der durchschnittlichen Raumtemperaturen im Sommer hätte in besonders kritischen Fällen die Nachrüstung einer mechanischen Kühlung als wahrscheinliche anzunehmende Folge. Dies insbesondere im Hinblick auf die mittel- und langfristigen Prognosen zur Entwicklung unseres Klimas mit durchschnittlich steigenden Temperaturen.

Wenn jedoch eine energetische Fassadensanierung nach EnEV mit alleinigem Blick auf den U-Wert die Nachrüstung einer mechanischen Kühlung für den Sommer auslösen kann, wäre das Verschlechterungsverbot der energetischen Qualität des Gebäudes nicht mehr sicher eingehalten. Ohne Einzelfallbetrachtung, können die pauschalen Anforderungen an die U-Werte bei einer energetischen Fassadensanierung dem Verschlechterungsverbot durchaus entgegenstehen. Als ein mögliches Praxisbeispiel sei hier das in Bild 3 gezeigte Mehrfamilienhaus (MFH) genannt.

Bild 3: Beispiel eines typischen bestehenden Mehrfamilienhauses mit energetisch ertüchtigter Fassade

Nach Erneuerung der Fenster und Montage eines Wärmedämmverbundsystems (8 bis 18 cm Mineralwolle) auf den 30 cm dicken Mauerwerkswänden (U-Wert ca. 0,94 [W/m²K]) beklagten mehrere Mieter in den Folgejahren eine Verschiebung des durchschnittlichen sommerlichen Temperaturniveaus hin zu höheren Raumlufttemperaturen. Bereits im Bestandszustand waren sehr ungünstige Bedingungen hinsichtlich des sommerlichen Wärmeschutzes vorhanden (hoher Fensterflächenanteil, kein außenliegender Sonnenschutz, geringe wärmespeichernde Masse der Innenbauteile sowie insbesondere eine geringe Lüftungseffektivität durch fehlende Querlüftungsmöglichkeit). Aus Bild 4 geht hervor, dass im Bestandszustand (ungedämmt) die zur Gewährleistung des Komforts noch zulässige Übertemperaturgradstundenzahl in Höhe von 1.200 kKh/a nach aktueller DIN 4108-2, Ausgabe 2013 weit überschritten wird. Grundlage der dargestellten Ergebnisse ist eine dynamische Raumklimasimulation für eine exemplarische Wohnung des in Bild 3 dargestellten MFH. Mit Ansatz einer Außendämmung reduziert sich bei sonst gleichen Bedingungen die »thermische Entladung« der Wohnung im Sommer und daraus resultiert ein Ansteigen der Übertemperaturgradstundenzahl.

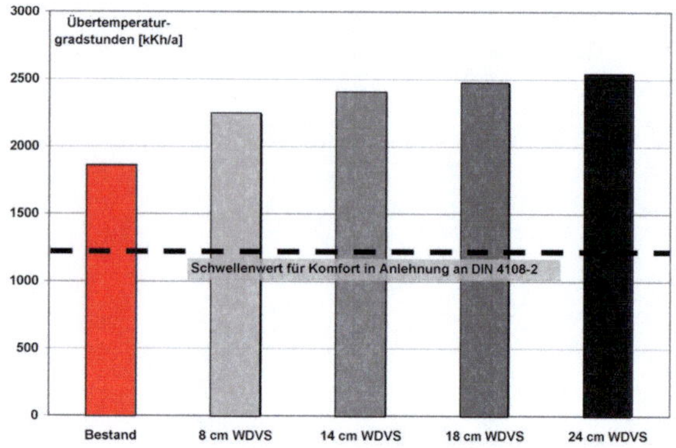

Bild 4: Ergebnis einer dynamischen Raumklimasimulation für unterschiedliche Dämmstandards einer exemplarischen Wohnung des MFH aus Bild 3

In Bild 5 ist diese Verschiebung hin zu höheren Raumlufttemperaturen anhand der Temperaturstundenverteilung dargestellt. Anhand des genannten Beispiels ist festzustellen, dass insbesondere für Bestandsgebäude, in denen eine sommerliche Überhitzung bereits regelmäßig auftritt, eine Erhöhung des winterlichen Wärmeschutzes im Rahmen einer energetischen Fassadensanierung rein unter U-Wert Gesichtspunkten zu einer thermische Überforderung im Sommerfall führen kann. Die Nachrüstung einer mechanischen Kühlung als Folgeerscheinung würde energetisch die Daseinsberechtigung der Außendämmung infrage stellen.

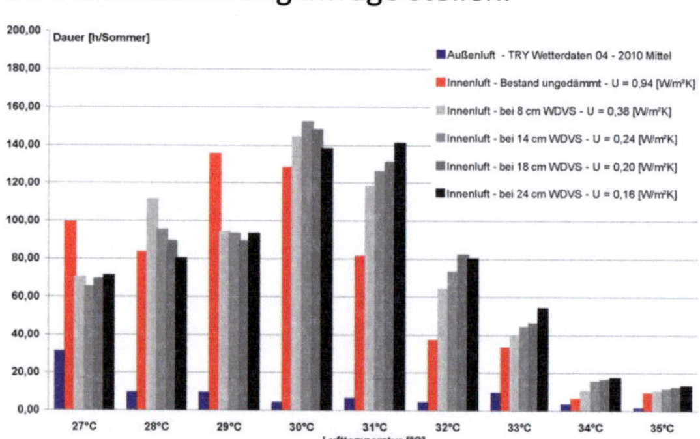

Bild 5: Ergebnis einer dynamischen Raumklimasimulation für unterschiedliche Dämmstandards einer exemplarischen Wohnung des MFH aus Bild 3

In Anbetracht der aufgezeigten Problemstellung ist es nach Ansicht des Autors für eine nachhaltige, EnEV-konforme Fassadensanierung zwingend erforderlich, eine differenzierte Einzelfallbetrachtung durchzuführen. Dies insbesondere, wenn im zu sanierenden Bestand bereits im Sommer Probleme mit hohen Raumlufttemperaturen auftreten. Die Aufnahme einer Verpflichtung in der EnEV 2014 zur zwingenden Betrachtung des sommerlichen Wärmeschutzes bei einer energetischen Fassadensanierung ungekühlter Bestandsgebäude wäre ein wichtiger Schritt in diese Richtung.

2 Zusammenfassung

Die bevorstehende Novelle der Energieeinsparverordnung (EnEV 2014 [1]) beinhaltet für den Bereich der energetischen Fassadensanierung relevante Neuerungen, welche im vorliegenden Bericht beleuchtet werden. Dabei wurde der EnEV-Entwurf gemäß Kabinettsbeschluss vom 06.02.2013 zugrunde gelegt, welcher sich nach Beschluss des Bundesrates aktuell jedoch wieder in Überarbeitung befindet. Eine Anhebung des Anforderungsniveaus für energetische Fassadensanierungen ergibt sich für den Regelfall nicht. Es wurde aufgezeigt, dass für besondere Fälle auch eine Reduzierung des Anforderungsniveaus resultieren kann (vgl. Kapitel 1.2). Eine Anhebung des Anforderungsniveaus ergibt sich lediglich für die Fälle, in denen die Dämmstoffdicke aus technischen Gründen begrenzt ist, da in diesem Fall gemäß EnEV 2014 Dämmstoffe mit verbesserteren Dämmeigenschaften zu verwenden sind als nach EnEV 2009.

Relevante Änderungen ergeben sich hinsichtlich der Entscheidung, wann eine Fassadensanierung überhaupt der EnEV unterliegt. Als Auslösetatbestand soll neben dem Flächenanteil nach EnEV 2014 zukünftig ausschließlich das Baualter des betreffenden Außenbauteils gelten (vgl. Kapitel 1.1). Energetische Sanierungen mittels Innendämmmaßnahmen fallen gemäß EnEV 2014 darüber hinaus vollständig aus dem Regelungsbereich.

Neben diesen maßgeblichen Änderungen sind im Entwurf der EnEV 2014 zur Klarstellung noch Formulierungen im Zusammenhang mit der energetischen Fassadensanierung angepasst worden. Ferner sind Modernisierungsempfehlungen, als möglicher Anstoß für energetische Fassadensanierungen, gemäß EnEV 2014 verpflichtend in den Energieausweis integriert worden und nicht mehr nur als »begleitende« Empfehlungen vorgesehen (vgl. Kapitel 1.3).

Das für die Praxis mehrheitlich wohl wesentliche Fazit zur EnEV 2014, nämlich, dass auf eine Erhöhung der Anforderungen bei energetischen Fassadensanierungen verzichtet wird, kann aus Sicht des Autors positiv betrachtet werden. Eine weitere Erhöhung des Anforderungsprofils würde nach [6] möglicherweise die energetische Fassadensanierung in der Breite hemmen. Wie im Zusammenhang mit dem Verschlechterungsverbot nach EnEV 2014 in Kapitel 1.4 aufgezeigt wurde, besteht für den Umgang mit dem bereits geltenden Anforderungsniveau ohnehin noch Bedarf für weitere differenzierte Auseinandersetzungen.

3 Literaturreferenzen

[1] Verordnung über energiesparenden Wärmeschutz und energiesparende Anlagentechnik bei Gebäuden (Energieeinsparverordnung – EnEV 2014), Kabinettsbeschluss der Bundesregierung vom 06. Februar 2013 mit amtlicher Begründung

[2] Verordnung über energiesparenden Wärmeschutz und energiesparende Anlagentechnik bei Gebäuden (Energieeinsparverordnung – EnEV 2009) vom 29. April 2009

[3] Verordnung über energiesparenden Wärmeschutz bei Gebäuden - Wärmeschutzverordnung – vom 24. Februar 1982

[4] Bundesministerium für Verkehr, Bau und Stadtentwicklung: Untersuchung zur weiteren Verschärfung der energetischen Anforderungen an Gebäude mit der EnEV 2012 – Anforderungsmethodik, Regelwerk und Wirtschaftlichkeit, Juni 2012

[5] Bundesministerium für Verkehr, Bau und Stadtentwicklung: Bewertung energetischer Anforderungen im Lichte steigender Energiepreise für die EnEV und die KfW-Förderung, weiteren Verschärfung der energetischen Anforderungen an Gebäude mit der EnEV 2012 – Anforderungsmethodik, Regelwerk und Wirtschaftlichkeit, Dezember 2008

[6] Stieß, Immanuel; van der Land, Victoria; Birzle-Harder, Barbara; Deffner, Jutta: Handlungsmotive, -hemmnisse und Zielgruppen für eine energetische Gebäudesanierung, Ergebnissse einer standardisierten Befragung von Eigenheimsanierungen, Frankfurt am Main, Januar 2010

[7] Handler, Simon; Korjenic, Azra; Bednar, Thomas: Einfluss von Wärmedämmverbundsystemen auf das Sommerverhalten von Gebäuden, Beitrag in Bauphysik 33 (2011) Nr.4, Ernst & Sohn Verlag für Architektur und technische Wissenschaften GmbH & Co. KG, Berlin

Normen:

- DIN 4108-2: 1981–08 Wärmeschutz im Hochbau - Wärmedämmung und Wärmespeicherung; Anforderungen und Hinweise für Planung und Ausführung
- DIN 4108-2: 2013–02 Wärmeschutz und Energie-Einsparung in Gebäuden – Teil 2: Mindestanforderungen an den Wärmeschutz

Autor

- Krätschell, Michael; Dipl.-Ing.
- CRP Ingenieurgemeinschaft Cziesielski, Ruhnau + Partner GmbH

Mikrobieller Befall an Fassadenoberflächen – Ursachen, Vermeidung, Sanierung

Thomas Warscheid

Autor

- Warscheid, Thomas; Dr. rer. nat.
- LBW-Bioconsult

Mikrobieller Befall an Fassadenoberflächen - Ursachen, Vermeidung, Sanierung -

Frankfurter Bautage
48. Bausachverständigentag
am 27. September 2013

Dr. Th. Warscheid

Schwarzer Weg 27, 26215 Wiefelstede,
Fon 0441/4089-202, Fax 0441/4089-203
e-mail: lbw.bb@gmx.de

Inhalt

Mikrobieller Befall an Fassadenoberflächen - Ursachen, Vermeidung, Sanierung -

- Ausgangssituation
- Mikrobielle Ökologie der Baustoffe
- Bewertung der mikrobiellen Kontamination
- Ursachenforschung und rechtliche Aspekte
- Möglichkeiten einer effektiven Kontrolle
- Zukünftige Entwicklungen

Mikrobieller Befall an Fassaden - wie konnte es dazu kommen ?

Mikrobieller Befall an Fassadenoberflächen - Ursachen, Vermeidung, Sanierung -

- Eutrophierung der Atmosphäre
- Veränderungen des Makroklimas
- Energieeinsparverordnung (ENEV 2009)
- Moderne Baustoffe und Beschichtungen
- Innovative, architektonische Konstruktionen
- Erhöhte Sensibilisierung für "Verschmutzungen"
- Geändertes Nutzungsverhalten und Wartung
- Ökotoxikologische Erwägungen (BPD)

Mikroorganismen und Baustoffe

Mikrobieller Befall an Fassadenoberflächen - Ursachen, Vermeidung, Sanierung -

- Algen

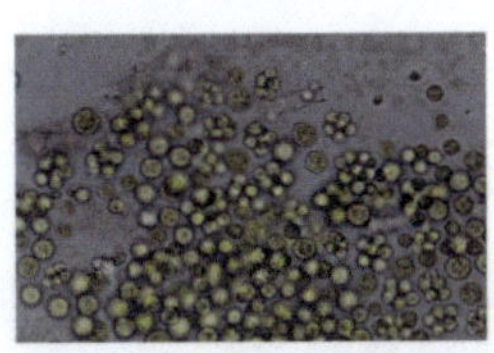

- Bakterien

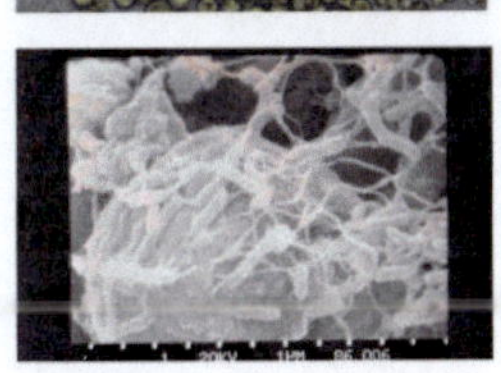

- Pilze

Algen auf Baustoffoberflächen I

Mikrobieller Befall an Fassadenoberflächen - Ursachen, Vermeidung, Sanierung -

- **Grünalgen**:
  Stichococcus / Pleurococcus / Chlorella / Chlorococcum / Chlamydomonas / Chlorosarcinopsis / Hormidium / Trebouxia /
  Trentepholia ("rote" Grünalge)
- **Cyanobakterien ("Blaualgen")**
  Nostoc / Anabaena / Anacystis / Calothrix / Gloeocapsa / Gloethecea / Lyngbya / Phormidium / Plectonema / Oscillatoria / Scytonema / Synechococcus / Schizotrix

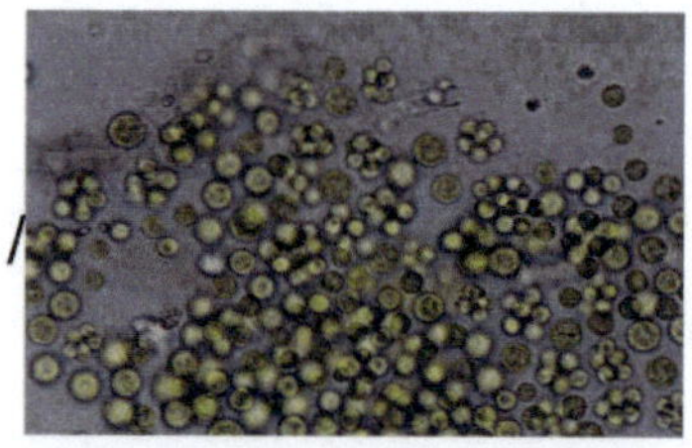

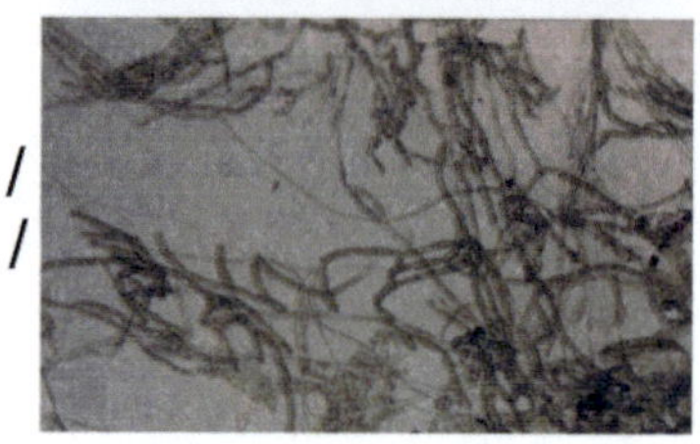

Algen auf Baustoffoberflächen II

Mikrobieller Befall an Fassadenoberflächen - Ursachen, Vermeidung, Sanierung -

Algen auf Baustoffoberflächen III

Mikrobieller Befall an Fassadenoberflächen - Ursachen, Vermeidung, Sanierung -

Algen auf Baustoffoberflächen IV

Mikrobieller Befall an Fassadenoberflächen - Ursachen, Vermeidung, Sanierung -

Pilze auf Baustoffoberflächen I

Mikrobieller Befall an Fassadenoberflächen - Ursachen, Vermeidung, Sanierung -

- Rhizopus / Mucor
- Aspergillus / Penicillium / Fusarium
- Paecilomyces / Trichoderma / Stachybotrys / Scopulariopsis / Wallemia / Botrytis / Verticillium / Chaetomium /Acremonium
- **Alternaria / Cladosporium / Aureobasidium / Ulocladium / Phoma / Epicoccum**
- Exophiala / Hormoconis
- Candida / Rhodotorula / Cryptococcus

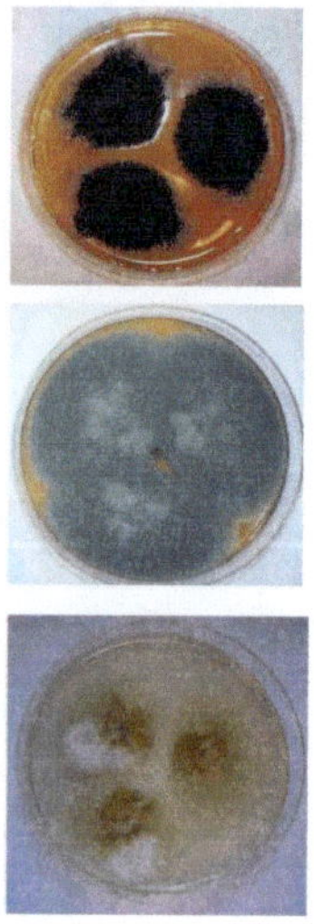

Pilze auf Baustoffoberflächen II

Mikrobieller Befall an Fassadenoberflächen - Ursachen, Vermeidung, Sanierung -

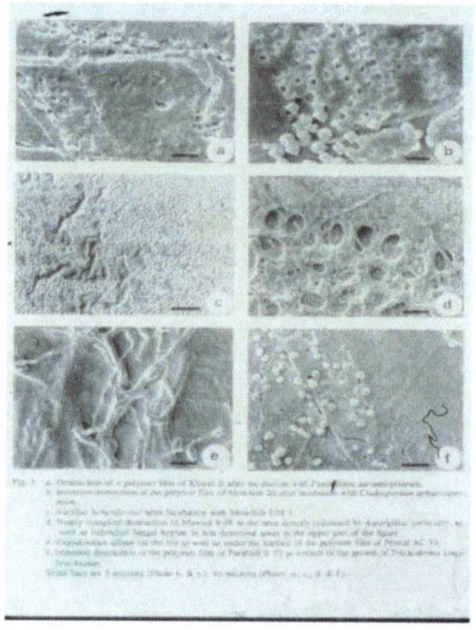

Bakterien auf Baustoffoberflächen

Mikrobieller Befall an Fassadenoberflächen - Ursachen, Vermeidung, Sanierung -

- Coryneforme Bakterien:
  Arthrobacter / Aureobacterium / Micrococcus / Corynebacterium / Brevibacterium / Rhodococcus
- Aktinomyceten:
  Streptomyces / Nocardia
- Sporenbildner:
  Bacillus / Clostridium
- Pseudomonaden / Flavobacterium / Alcaligenes
- Thiobacillen, Nitrifikanten

Zwergzellen - dwarf cells -

Mikrobieller Befall an Fassadenoberflächen - Ursachen, Vermeidung, Sanierung -

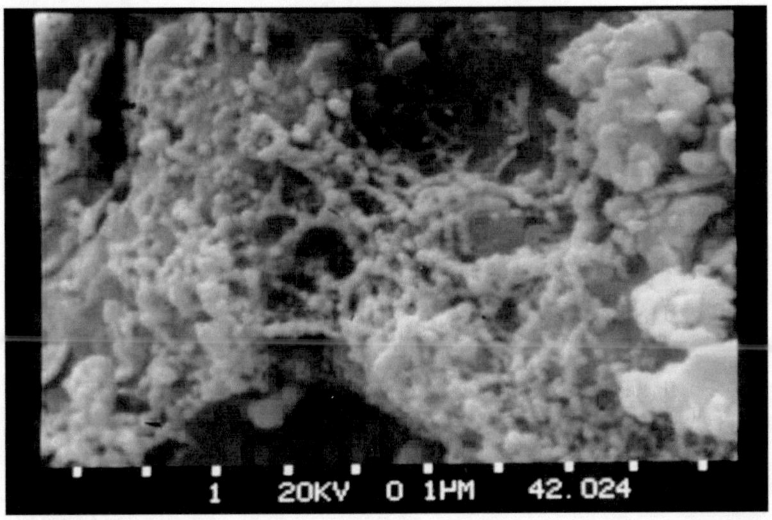

Mikrobielle Wachstumsfaktoren

Mikrobieller Befall an Fassadenoberflächen - Ursachen, Vermeidung, Sanierung -

- **Feuchtigkeit / Nässe**
  => Neubaufeuchte, Kondensationsfeuchte, Nutzungsfeuchte, Wasserschäden und Makroklima
- **Materialeigenschaften**
  => Hydrophobizität, Thermoplastizität, Sorptionsisotherme, Masseeffekt, Albedo, Rauigkeit, Porosität und pH-Wert
- **Nährstoffversorgung**
  => organische Baustoffe, Farben, Polymere und Aerosole
- **Mikrobielle Infektionsherde**
  => Vegetation, Kompostieranlagen, Altschäden

Biofilme - die schützende Mikronische

Mikrobieller Befall an Fassadenoberflächen - Ursachen, Vermeidung, Sanierung -

- Verbesserung der mikrobiellen Lebensbedingungen
  => Feuchtigkeitsspeicher, Temperaturausgleich, Regulierung osmotischer und pH-relevanter Einflüsse
- Ionenaustauscherfunktion
  => vs. Biozide, Detergentien, Antikörper
- Katalytischer Einfluss auf Korrosionsprozesse

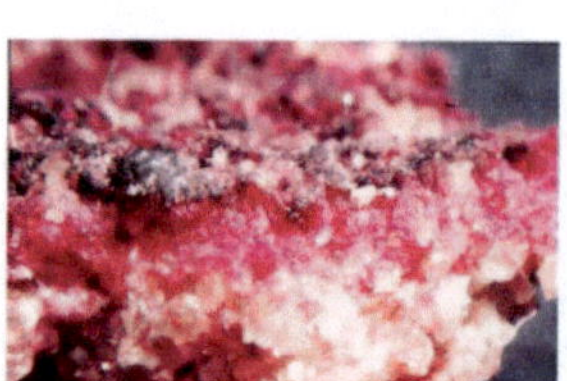

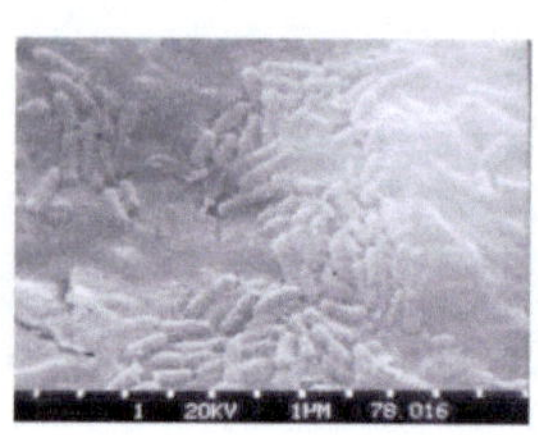

Mikrobielle Schadensprozesse an Baustoffen I

Mikrobieller Befall an Fassadenoberflächen - Ursachen, Vermeidung, Sanierung -

- Aesthetischer Schaden

- Gesundheitliche Beeinträchtigungen

Mikrobielle Schadensprozesse an Baustoffen II

Mikrobieller Befall an Fassadenoberflächen - Ursachen, Vermeidung, Sanierung -

- Biokorrosion

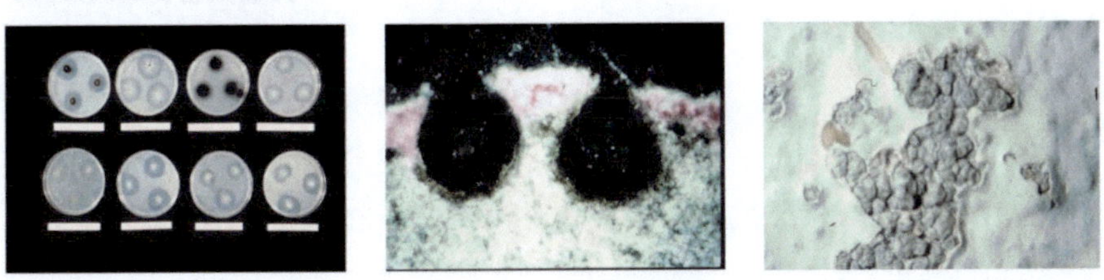

- Biofouling

Materialtechnische Bedeutung eines mikrobiellen Befalls auf Baustoffen

Mikrobieller Befall an Fassadenoberflächen - Ursachen, Vermeidung, Sanierung -

- Mikrobielle Zersetzung der Baustoffe
- Veränderung der Oberflächeneigenschaften (i.e. Benetzbarkeit, Verschmutzung)
- Behinderung der Wasserdampfdiffusion und des Austrocknungsverhaltens
- Erhöhung der Wärmeleitfähigkeit und Verschlechterung von Dämmeigenschaften

Rechtliche Situation

Mikrobieller Befall an Fassadenoberflächen - Ursachen, Vermeidung, Sanierung -

- Algen- und Pilzbefall ist allgemeines Lebensrisiko eines Bauwerks und Bauherrn

versus

- Planer hat die Aufgabe, dass das Bauobjekt mangelfrei entsteht und mangelfrei bleibt
- Unternehmer treffen Prüfungs- und Hinweispflicht des Risikos an den Bauherrn
- Planung und Ausführung unter Minimierung der Risikofaktoren nach dem Stand der Technik

Risikofaktoren eines Algen und Pilzbefalls an Fassadenoberflächen

Mikrobieller Befall an Fassadenoberflächen - Ursachen, Vermeidung, Sanierung -

- Standortfaktoren
  => Mikro-Makroklima / WDVS / Aerosole / Vegetation
- Konstruktive Faktoren
  => Wasserableitung / Dachüberstand / Spritzwasserzone
- Ursachen in der Bauausführung
  => Untergrund / Verdichtung / Farbdeckung / Witterung
- Produkteigenschaften
  => Oberflächenstruktur - Rauigkeit / Organische Komponenten / Additive / Klebrigkeit / Gebinde-und Filmschutz / Bindemittel / Sorptionsfähigkeit / pH-Wert

Materialauswahl: Putze

Mikrobieller Befall an Fassadenoberflächen - Ursachen, Vermeidung, Sanierung -

- Kalkputze / Kalkschlämmen
- Kalkzementputze
- “mineralische” Putze (Additive)
- Silikonharzputze (Polymere, Weichmacher)
- Gipsputz / Gipskarton
- Lehmputze (Stroh)

Materialauswahl: Beschichtungen

Mikrobieller Befall an Fassadenoberflächen - Ursachen, Vermeidung, Sanierung -

- Silikatfarben
- Dispersionssilikatfarben
- Silikonharzfarben
- Egalisationsfarben
- Hydrophobierungen (Alkohole, Additive)
- Kunststoffe (Weichmacher, Polyurethane)

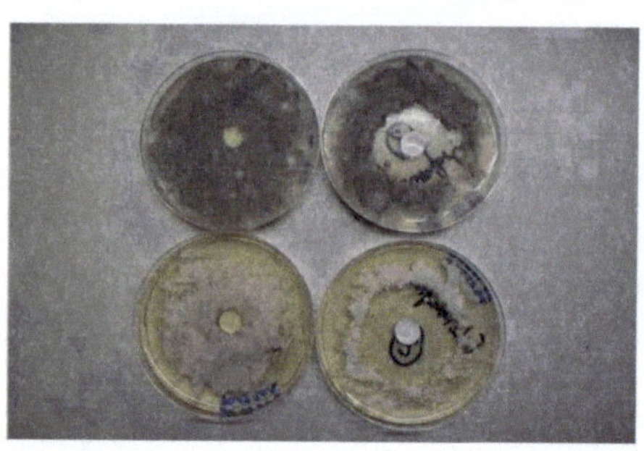

Grundlegende Eigenschaften mikrobiell resistenter Baustoffe

Mikrobieller Befall an Fassadenoberflächen - Ursachen, Vermeidung, Sanierung -

- MINERALISCH
- SORPTIV
- DIFFUSIONSOFFEN
- ALKALISCH

Materialauswahl: Biozide

Mikrobieller Befall an Fassadenoberflächen - Ursachen, Vermeidung, Sanierung -

- Wasserstoffperoxid / Chlorbleichlauge
- KEINE Säuren (Essigsäure, Salizylsäure)
- Ethanol (70 %)
- Borate / Borsäure
- "Quats" (Quaternäre Ammoniumverbindungen)
- Isothiazolinone (u.a. CMI/MIT - OIT)
- Zn-Pyrithion

Grenzen biozider Behandlungen

Mikrobieller Befall an Fassadenoberflächen - Ursachen, Vermeidung, Sanierung -

- Schützende Funktion des Biofilms
- Selektivität der Behandlung
- Resistenzbildungen
- Mögliche Nährstoff-Funktion
- Ökotoxikologische und gesundheitliche Aspekte

Antimikrobielle Beschichtungen

Mikrobieller Befall an Fassadenoberflächen - Ursachen, Vermeidung, Sanierung -

- Photokatalytische Beschichtungen (Titanoxid)
- Immobilisation auf Trägersystemen (Nano-Silber)
- Niedrigenergetische Beschichtungen (Lotosan)
- Antimikrobielle Polymere (SAM)
- Ozone- bzw. Ultraschallreinigung
- Enzyme-katalysierte Reinigung

Mikrobiologische Materialprüfung

Mikrobieller Befall an Fassadenoberflächen - Ursachen, Vermeidung, Sanierung -

Zukünftige Entwicklungen

Mikrobieller Befall an Fassadenoberflächen - Ursachen, Vermeidung, Sanierung -

- Regelmäßige Pflege und Erhaltungsmaßnahmen
- Detaillierte mikrobiologische Analyse, Bewertung und gezielte Sanierung vorliegender Schadensfälle
- Entwicklung neuer realitätsnaher Prüfverfahren für Baustoffe und Beschichtungen (CEN)
- Prüfung und Bewertung der mikrobiellen Anfälligkeit von Additiven und Formulierungen
- Antimikrobielle Beschichtungen
- Biotechnologie am Bau (Biocalcite, mikrobielle Entsalzung, enzym-katalysierte Reinigung)

Nicht nur auf den Wärmeschutz kommt es an: Innendämmsysteme ganzheitlich betrachtet

Jürgen Gänßmantel

Abstract: Einerseits wird die raumseitige Wärmedämmung von Außenwänden weit verbreitet als energetische Sanierungsmaßnahme mit hohem Schadensrisiko angesehen. Andererseits zeigen aktuelle Marktübersichten, dass das Angebot an Innendämmungen in den letzten Jahren deutlich zugenommen hat und sich nicht nur auf die Dämmstoffe allein konzentriert. Aufgrund der zahlreichen Einzelkomponenten zur fachgerechten und sicheren Montage werden Innendämmsysteme verwendet, die hinsichtlich des Schutzprinzips zur Reduzierung der Tauwasserbildung in verschiedene Klassen eingeteilt werden können. Für ein möglichst schadenfreies Bauen mit Innendämmsystemen ist es besonders wichtig, von der Bewertung der Bestandssituation über die Planung und Bemessung der Innendämmsysteme in Verbindung mit der situationsabhängigen Materialauswahl und die Berücksichtigung von Anschluss- und Wärmebrückendetails bis hin zur fachgerechten Ausführung und der abgestimmten Nutzung alle Lebensphasen prozessorientiert zu betrachten und diese individuell im jeweiligen Einzelfall zu bewerten. Von Bedeutung für die Dauerhaftigkeit von Innendämmsystemen ist somit ein ganzheitliches System der Qualitätssicherung für Innendämmungen über alle Wertschöpfungsketten hinweg. Dieses Ziel verfolgt der Fachverband Innendämmung e. V. (FVID). Der Verband versteht es als zentrale Aufgabe, ein wissenschaftlich basiertes und praxistaugliches System der Qualitäts- und Gütesicherung zu etablieren und fortzuschreiben. Hierbei gebührt der Produktneutralität und der Technologieoffenheit ein herausragender Stellenwert. Feuchtetechnische Nachweisverfahren auf der Basis verschiedener WTA-Merkblätter sind Basis eines neu eingeführten Zertifizierungssystems für Innendämmungen. Die Güte- und Prüfbestimmungen der Gütesicherung »Innendämmung« nach RAL-Gütezeichen 964 berücksichtigen jedoch nicht nur produktbezogene Eigenschaften, sondern auch Qualitätsmaßnahmen für die Planung und die Ausführung. Damit ist sowohl ein hoher Standard der materiellen Systemkomponenten, als auch des Endprodukts – der ausgeführten Baumaßnahme – sichergestellt, der dem hohen Anspruch an die Anwendungssicherheit von Innendämmmaßnahmen gerecht wird.

Keywords: Innendämmungen, Innendämmsysteme, Einflussfaktoren, Bewertungskriterien, Bestandskonstruktion, Klassifizierung, Nachweisfähigkeit, WTA-Merkblätter, Zertifizierungssystem, Wertschöpfungskette, RAL-Gütezeichen, ganzheitliche Betrachtung, FVID

1 Grundlegendes zum schadenfreien Bauen

1.1 Bauschäden

Ein altes Sprichwort sagt: »Aus Schaden wird man klug.« Diese Volksweisheit sollte eigentlich auch für alle Bauschäden gelten, erwartet man doch, dass durch die Aufklärung von Schadensfällen langsam die Schadensquote zurückgeht. Doch leider scheint dies für Bauschäden nicht zu gelten, denn die Schadenshäufigkeit beim Bauen nimmt eher zu. Volkswirtschaftlich gesehen sind vermeidbare Mängel und Schäden nicht zu vernachlässigen, schließlich geht es um schätzungsweise insgesamt mehr als 10 Mrd. Euro Schadenshöhe. Die Brisanz dieser Situation lässt sich u. a. auch an der Reaktion durch die Medien ablesen. Immer häufiger wird z. B. im Fernsehen – teilweise in dramatischer Aufmachung – von Bauschäden und den betroffenen Bauherren berichtet. Die Bauschadensliteratur hat in den letzten Jahren deutlich zugenommen. Praxislösungen zu Bauschäden und Baumängeln, zusammengestellt als Loseblatt-Werke – aber auch ganze Fachbuchreihen »Pfusch am Bau« – sprechen den kritischen Leser im Bereich der Planung, Bauüberwachung und Bauausführung an. Und letztendlich klagen die Gerichte über eine steigende Anzahl von selbstständigen Beweis- und Klageverfahren.

Im Wesentlichen ist es das »Magische Dreieck am Bau«, das die am Bauen Beteiligten in die Zange nimmt. Das Bauen wird immer schneller, die einzelnen Bauschritte und Arbeitsabfolgen zeitlich immer enger, in immer kürzeren Zeitabständen kommen neue Materialien oder Baustoffsysteme auf den Markt. Die Zeit ist ein wichtiger Faktor für die Bauqualität, die insbesondere von den Auftraggebern in der Regel als maximal vorausgesetzt wird. Und schließlich entscheiden in den meisten Fällen die Kosten über Auftragsvergabe oder -ablehnung: der Billigste gewinnt!

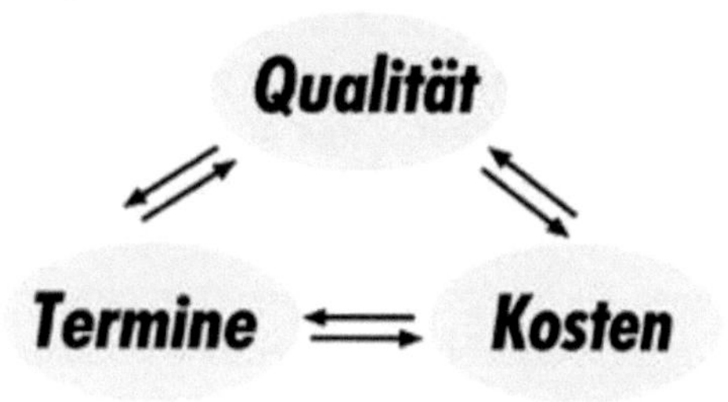

Bild 1: Das »magische Dreieck am Bau« ist oft die eigentliche Schadensursache

1.2 Ursachenforschung

Aus diesem Dreieck auszubrechen und Schadensfälle weitestgehend zu minimieren bedeutet, Schadensursachen mit gesundem Menschenverstand ausschalten. Das ist gar nicht so leicht, denn die Aufklärung von Schadensfällen verläuft so ähnlich wie bei Verkehrsunfällen: verschiedene Fehlerquellen treffen mit unterschiedlicher Wirkung aufeinander. So können bei Bauschäden u. a. falsche Planung, ungeeignete Materialsysteme, Bauüberwachungs- bzw. Ausführungsfehler, aber auch fehlerhaftes Nutzungsverhalten usw. ursächlich sein. Liegen viele Einzelkomponenten vor, können die Fehlerquellen oft nicht eindeutig festgestellt werden. Die Folge ist, dass die Kausalität von Schäden nur schwer ermittelt werden kann und daher die wirklichen Verursacher vielfach unerkannt bleiben.

1.3 Bauen mit Systemen

In dieser Situation hat sich das Bauen in den letzten Jahren und Jahrzehnten entscheidend geändert; immer mehr Einzelkomponenten sind für den Bauprozess erforderlich. Es liegt damit auf der Hand, dass immer mehr Prozesssicherheit benötigt wird, um eine bestimmte Endqualität zu gewährleisten. Je komplexer das Bauen wird, umso mehr müssen die Einzelkomponenten in geeigneten Systemen zusammengefasst und ganzheitlich betrachtet werden.

»System« leitet sich aus dem Griechischen systema = »das Gebilde, Zusammengestellte, Verbundene« ab und bedeutet soviel wie »ein in sich geschlossenes, geordnetes und gegliedertes Ganzes, ein Gefüge von Teilen, die voneinander abhängig sind, ineinander greifen oder zusammen wirken«. Ein Gebilde also, dessen wesentliche Komponenten so aufeinander abgestimmt sind, dass sie als Ganzes angesehen werden (können). Dieser Grundgedanke gilt für jedes System, ob technisch, ökonomisch, soziologisch, politisch, wirtschaftlich usw.

Weil auch das Bauen immer komplexer und komplizierter wird, eignet es sich für die Verwendung von Systemen. Ein Blick auf die Terminologie zeigt: Fassadensysteme, Dachsysteme, Wärmedämmverbundsysteme, Abdichtungssysteme – überall handelt es sich um (Bau-) Prozesse, bei denen jeder Prozessschritt maßgeblich Einfluss auf den Gesamterfolg hat. Diejenigen Systempartner, die für den Prozess eine hohe Dauerhaftigkeit und lange Gebrauchstauglichkeit entscheidend mit ermöglichen, müssen vorgeschrieben und überprüft werden. Dies gilt insbesondere auch bei der energetischen Ertüchtigung von Bestandsgebäuden mithilfe raumseitiger Wärmedämmsysteme, die zukünftig verstärkte Anwendung finden werden, weil steigende Energiepreise und verändertes Verbraucherbewusstsein zu einer stetig wachsenden Nachfrage führen werden.

2 Raumseitige Wärmedämmung

2.1 Pro und Contra

Zunächst einmal macht eine raumseitige Wärmedämmung – kurz eine Innendämmung – außen nichts kaputt. Das heißt, zum Beispiel unter Denkmalschutz stehende oder historisch besonders wertvolle Fassaden bleiben damit erhalten. Da außen nichts verändert wird, gibt es auch keine Probleme mit den Bebauungsgrenzen. Das bedeutet, bauordnungsrechtlichen Problemen kann man damit aus dem Weg gehen. Für eine Innendämmung sprechen häufig auch wirtschaftliche Vorteile; außerdem ist die Dämmung einzelner Räume möglich und die Arbeiten sind praktisch unabhängig von der Witterung durchführbar. Sporadisch genutzte und beheizte Räume können durch die innenseitig angebrachte Dämmung deutlich schneller aufgeheizt werden, da die massiven Außenwände nicht miterwärmt werden müssen, was zudem spürbar Heizenergie einspart. Und letztlich sorgt eine Innendämmung (wie auch eine Außendämmung) für mehr Behaglichkeit und Komfort und fördert ein gesünderes Wohnen durch geringeres Schimmelpilzrisiko infolge der erhöhten Wandoberflächentemperaturen.

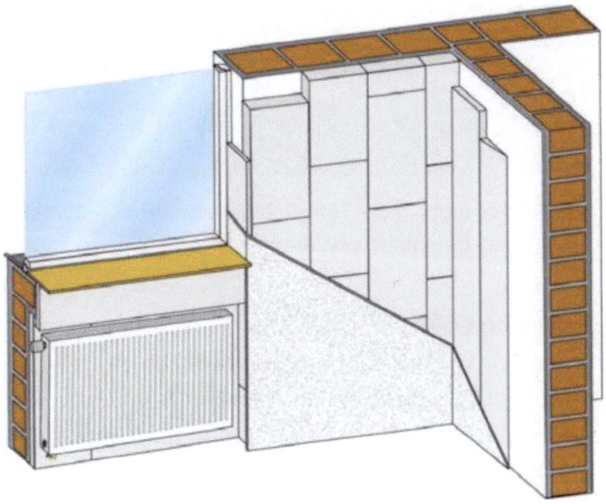

Bild 2: Schematische Darstellung eines Innendämmsystems [Quelle: Fa. GIMA GmbH & Co. LG, Herrieden]

Andererseits leisten innenseitig gedämmte Außenwände so gut wie keinen Beitrag zum sommerlichen Wärmeschutz. Nicht zu vernachlässigen ist der ggf. ungünstigere Brandschutz, wenn die Innendämmung aus entflamm- oder brennbaren Dämmstoffen besteht. Weiter ist zu beachten, dass eine Innendämmung die Wohnfläche reduziert und den Gebrauch einer Wohnung beeinträchtigen kann – so ist es zum Beispiel nicht in jedem Fall mit üblichen Dübeln möglich, an einer raumseitig gedämmten Wand Hängeschränke zu befestigen.

Entscheidender sind jedoch die möglichen bauphysikalischen Probleme, die mit einer Innendämmung einhergehen können. Dazu gehören die Gefahr von Tauwasserbildung im Bauteil sowie schwierig zu lösende Wärmebrückendetails (Gebäudeecken, einbindende Wände usw.) und Bauteilanschlüsse (Balkenköpfe usw.). Auch ein reduziertes Trocknungspotenzial und die damit verbundene Schimmelgefahr bei Hohlkonstruktionen sind nicht zu unterschätzen. Dem nicht genug, kann bei undichten raumseitigen Konstruktionen feucht-warme Raumluft in das Bauteil eindringen und an der kalten Außenwand hinter der Innendämmung kondensieren.

2.2 Innendämmung richtig planen und ausführen – aber wie?

Innendämmung von Außenwänden wird gegenwärtig daher meist als Maßnahme mit hohem Risikopotenzial und somit oftmals als notwendiges Übel angesehen. Sie wird nur angewandt, wenn keine alternative Sanierungsmethode besteht, dämmtechnische Maßnahmen jedoch als unabdingbar angesehen werden. Eine Innendämmung kann dennoch eine sichere und effiziente Bauweise sein – das zeigen wissenschaftliche und praktische Untersuchungen an diversen Instituten und Objekten sowie Langzeiterfahrungen mit konkreten Bauwerken: dann, wenn Innendämmung – wie andere Baustoffsysteme auch – als System und prozessorientiert betrachtet wird. Wenn die Bedeutung jedes Schrittes, jeder Einzelmaßnahme für die Gesamtqualität berücksichtigt wird. So konnte zum Beispiel das von allen Beteiligten am meisten gefürchtete Risiko einer Tauwasserbildung durch sorgfältige Planung, Auswahl geeigneter Materialien, fachgerechter Ausführung und einem sachgerechtem Umgang während der Nutzung auch über lange Zeiträume weitestgehend eliminiert werden.

Auch wenn Planung und Einbau einer Innendämmung komplexere bauphysikalische Anforderungen an Planer und Ausführende als eine vergleichbare Außendämmung stellen, ist die Innendämmung gewissermaßen ungeregelt. Allgemein anerkannte technische Regelwerke bestehen für diesen Bereich bislang nicht, auch wenn beispielsweise im Zusammenhang mit der Anbringung eines Innendämmsystems an Brandwänden oder in Fluchtwegen die Anforderungen des baulichen Brandschutzes nach der entsprechenden Landesbauordnung (LBO) nachzuweisen sind.

Während es etwa für Wärmedämmverbundsysteme (WDVS) schon länger Auflagen gibt, die vor einer Markteinführung nachzuweisen sind, gibt es für die Innendämmung bis heute keinerlei vergleichbaren

Anforderungen. Ein Grund hierfür liegt in der Tatsache, dass bei einer innen liegenden Dämmung die vorhandene Baukonstruktion, das Befeuchtungsrisiko und das Nutzerverhalten einen ungleich größeren Einfluss haben, als bei einer außen liegenden.

2.3 Einflussfaktoren bei Innendämmsystemen

Zahlreiche Literaturquellen beschreiben die Einflussfaktoren auf eine innen gedämmte Konstruktion (z. B. bauphysikalische Parameter) so, dass in der folgenden Übersicht nur eine Zusammenfassung gegeben werden kann. Bei detaillierter Betrachtung zeigt sich, dass nicht alle Faktoren gleichwertig sind bzw. parallel vorkommen. Bei der Bewertung dieser Faktoren stellt sich demjenigen, der vor Ort tätig ist, häufig die Frage, wie man an die entsprechenden Informationen kommt.

Befeuchtung von außen	Schlagregenbeanspruchung	
	Trocknungsverhalten nach einer Befeuchtung durch Schlagregen	
	Hydrophobierungsmaßnahmen	
	Aufsteigende Feuchtigkeit im Mauerwerk	
Befeuchtung von innen	Dampfkonvektion	
	Dampfdiffusion	Beschreibung des Diffusionsproblems
		Aufgabe und Eigenschaften von Dampfbremsen
		Umkehrdiffusion
	Feuchteeintrag durch erhöhte Anfangsfeuchte bzw. durch Bauteilfeuchtigkeit, z.B. in Folge fehlender Abdichtungen usw.	
Konstruktion	Wandkonstruktionen im Altbau und deren Schwachstellen	Verputzte Wandkonstruktionen aus Ziegelmauerwerk
		Wandkonstruktionen aus Sichtziegelmauerwerk
		Wandkonstruktionen aus Natursteinen
		Fachwerkkonstruktionen
		Massivholzkonstruktionen
	Oberflächenbeschaffenheit der Bestandswand	
	Wärmebrücken	
	Bauteilanschlüsse im Bestand	Innenwandanschluss
		Deckenanschluss im Massivbau
		Anschluss von Holztramdecken
		Fensterlaibung
		Versatz von Innen- zu Außendämmung
Nutzerverhalten	Lüften und Heizen von Wohnungen	
	Probleme mit der Einrichtung	
	Nutzeransprüche und Qualitätsanforderungen an Dämmstoffe	

Bild 3: Einflussfaktoren für die Auswahl eines Innendämmsystems [1]

3 Auswahl von Innendämmsystemen

3.1 Einzelfallbetrachtung

Ist nach Abwägung der oben erläuterten Vor- und Nachteile eine Innendämmung auszuführen, müssen zahlreiche Fragen geklärt und das am besten für die jeweilige Situation geeignete Innendämmsysteme ausgewählt werden. Dabei gilt es, die Einflussfaktoren im jeweiligen Fall möglichst objektiv zu beurteilen und eine individuelle Bewertung der Gegebenheiten vorzunehmen. Die gewählte Lösung ist so gut wie nie von einem Gebäude auf das nächste zu übertragen! Es muss vielmehr eine Bewertung im Einzelfall vorgenommen werden.

Die Bewertungskriterien dürfen dabei nicht isoliert voneinander betrachtet werden. Die einzelnen Parameter stehen, wie die folgende Abbildung veranschaulicht, miteinander in einem mehr oder weniger engen Zusammenhang. Jedes Kriterium kann unter bestimmten, im Einzelfall zu ermittelnden Umständen ein k.O.-Kriterium für eine oder mehrere Konstruktionsvarianten darstellen.

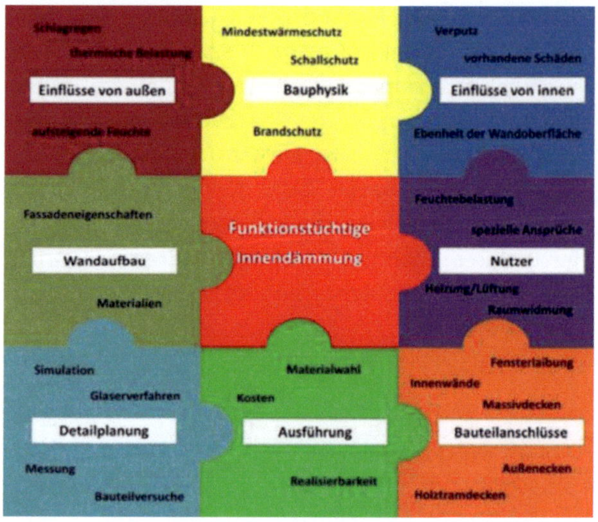

Bild 4: Vernetzung der Einflussfaktoren für die Auswahl von Innendämmsystemen [1]

Eine Innendämmung kann daher u. a. nur in Abstimmung mit der Bestandskonstruktion ausgewählt und geplant werden. Aus diesem Grund ist eine pauschale Freigabe eines Innendämmsystems beim Bauen im Bestand nahezu ausgeschlossen.

3.2 Berücksichtigung der Bestandskonstruktion

Die Außenwand eines Gebäudes hat zahlreiche Aufgaben zu erfüllen. Zunächst stellt sie die abschließende Hülle dar und schützt gegen klimatische Einflüsse wie Regen, Wind, Kälte und übermäßige Sonneneinstrahlung. Zunehmend werden mit steigenden Ansprüchen und in Abhängigkeit von der jeweiligen Nutzung weitere Anforderungen – wie etwa an den Schallschutz – gestellt.

Bei der energetischen Ertüchtigung eines Gebäudes wird mit der Anbringung eines WDVS im Verbund mit der thermischen Schutzschicht eine neue schlagregendichte Haut auf der Außenseite aufgebracht, so dass dieser Belastung im Rahmen der Sanierung keinerlei Beachtung geschenkt werden muss. Durch die Montage einer Innendämmung wird jedoch außerordentlich in die hygrothermischen Eigenschaften der Bestandskonstruktion eingegriffen [2]. Neben dem allgemein mit einer Innendämmung in Verbindung gebrachten Tauwasserrisiko gelangt weniger Wärme in die Außenwand, so dass die gesamte Konstruktion langsamer abtrocknet. Bei gegebener Schlagregenbelastung können bei unveränderter Außenfassade somit langfristig höhere Durchfeuchtungsgrade auftreten. Das bedeutet für den Planer, dass vor der Auswahl und Dimensionierung einer Innendämmung ein Blick auf die Außenwand unabdingbar ist. Die möglicherweise vorhandene Schlagregenbelastung, die vorhandene Diffusionsdichtigkeit sowie die Höhe des vorhandenen Wärmedurchlasswiderstands beeinflussen die Auswirkungen einer möglichen Innendämmung.

Bild 5: Überprüfung des vorhandenen Schlagregenschutzes, z. B. mit Prüfröhrchen nach Karsten

Bild 6: Verifizierung der Schlagregenschutzprüfung mittels Benetzungstest

Bild 7: Überprüfung der raumseitigen Oberflächen und des Schichtenaufbaus der Bestandskonstruktion zur Bewertung ihrer Eignung für ein Innendämmsystem

3.3 Klassifizierung von Innendämmsystemen

Bezüglich der Tauwasserbildung haben sich verschiedene Schutzprinzipien etabliert. Die Möglichkeiten reichen von der dampfdichten Schaumglas-Dämmung bis hin zur Holzweichfaserplatte. Eine sinnvolle Einteilung bietet die Wechselwirkung mit dem Innenklima:

- **Kondensatverhindernde** Innendämmsysteme unterbinden durch eine dampfdichte Schicht die mögliche Tauwasserbildung.
- **Kondensatbegrenzende** Innendämmsysteme begrenzen durch eine diffusionshemmende Schicht die Menge des möglichen Tauwasserausfalls auf ein für das System akzeptables Maß.
- **Kondensattolerierende** Innendämmsysteme lassen die freie Wechselwirkung mit dem Innenklima zu. Genauer gesagt benötigen solche Systeme diese Wechselwirkung, um das sichere Abtrocknen zur Innenseite zu ermöglichen.

Bild 8: Beispiel eines kondensattolerierenden Innendämmsystems [Quelle: Fa. Schlagmann Baustoffwerke GmbH & Co. KG, Zeilarn]

Für sämtliche Varianten lassen sich bereits abgeschlossene Projekte nennen, die die Funktionstüchtigkeit des jeweiligen Schutzprinzips belegen. Jeder der genannten Schutzmechanismen hat seine spezifischen Stärken und Schwächen, so dass eine pauschale Behandlung als »Innendämmung« nicht sinnvoll erscheint. Umso wichtiger ist die Definition einer allgemeinen Handlungsanweisung, die sämtliche Aspekte berücksichtigt.

4 Ganzheitliche Betrachtung von Innendämmsystemen

4.1 Berücksichtigung sämtlicher Prozessschritte

Neben den wärme- und feuchteschutztechnischen Anforderungen sind darüber hinaus noch zahlreiche weitere Parameter zu berücksichtigen. Innendämmsysteme müssen daher ganzheitlich betrachtet und möglichst über die gesamte Wertschöpfungskette hinweg nachweisfähig werden (*vgl. Kapitel 2.2*).

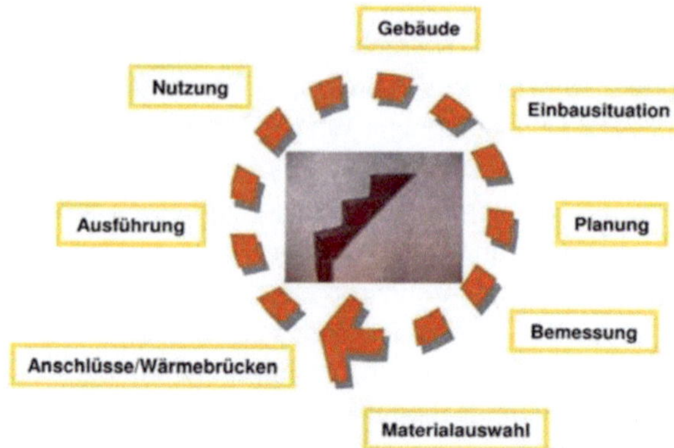

Bild 9: Prozessschritte bei der ganzheitlichen Betrachtung von Innendämmungen [Quelle: Fachverband Innendämmung e. V. FVID, Frankfurt am Main]

4.2 Nachweisfähigkeit von Innendämmsystemen

Die Arbeitsgruppe der Wissenschaftlich-Technischen Arbeitsgemeinschaft für Bauwerkserhaltung und Denkmalpflege e. V. (WTA) »Innendämmung im Bestand« erarbeitete ein feuchtetechnisches Nachweisverfahren mittels computergestützter Simulationsrechnung des gekoppelten Wärme- und Feuchtetransports durch Bauteile [3]. Um die Regenbelastung und die Speicherfähigkeit der beteiligten Baustoffe adäquat zu berücksichtigen, scheidet die Verwendung des normativen Glaserverfahrens aus. Hier wären Fehlprognosen und – einschätzungen vorprogrammiert. Eine Simulationsrechnung erlaubt die Berücksichtigung der weiteren Effekte. Neben der Feuchtespeicherfunktion sind hier vor allem die Transportkoeffizienten für flüssiges und dampfförmiges Wasser von Bedeutung. Während diese hygrothermischen Kenndaten für die neu einzubringenden Materialien – häufig mit erheblichem Aufwand – ermittelt werden können, ist die Abschätzung der physikalischen Eigenschaften der Bestandskonstruktion ein Thema, welches den Bausachverständigen zukünftig verstärkt beschäftigen wird.

Vom Systemhersteller eines Innendämmsystems sind demnach die hygrothermischen Kenndaten für den oft notwendigen feuchtephysikalischen Nachweis zur Verfügung zu stellen. Dabei müssen nicht für alle vorgestellten Schutzprinzipien sämtliche Kenngrößen gleichermaßen ermittelt werden. Während bei einem kapillaraktiven System die Feuchtespeicherfunktion und die Diffusionsoffenheit auf jeden Fall entscheidende Kenngrößen darstellen, werden diese Parameter bei einem kondensatbegrenzenden System nur teilweise, bei einem kondensatverhindernden System praktisch gar nicht benötigt.

Ein erster Teil der Qualitätssicherung von Innendämmungen muss daher die Nachweisfähigkeit des Systems sein. Das bedeutet, die Angaben und Informationen des Herstellers müssen so detailliert sein, dass ein unabhängiger Planer den feuchteschutztechnischen Nachweis führen kann. Der Feuchteschutznachweis muss im Einzelfall möglich sein, da in aller Regel die Bestandskonstruktion vor allem in Verbindung mit Verwitterungszustand und klimatischen Randbedingungen so stark variiert, dass eine allgemeine Freigabe nicht praktikabel wäre.

4.3 Zertifizierungssystem für Innendämmungen

Für viele Dämmstoffe oder Klebemörtel, die auch im Innenraum Verwendung finden, bestehen entsprechende Zulassungen. Sei es, dass eine europäische Produktnorm vorliegt, oder dass solche Produkte im Rahmen von Wärmedämmverbundsystemen auf der Außenseite angebracht werden. Eine Übertragung für die Anwendung als Innendämmung ist jedoch nicht zielführend, da diese Zulassungen sich auf traditionelle Einsatzgebiete mit entsprechenden Belastungsfällen beziehen: Beispielsweise besitzen Holzweichfaserplatten heute in aller Regel eine Zulassung als Dämmstoff nach EN 13171. Aus einer bestehenden Zulassung lässt sich jedoch nicht auf die Einsatzmöglichkeiten des Dämmmaterials im Rahmen eines Innendämmsystems schließen, da die Prüfungen diesem Einsatzgebiet bislang nicht Rechnung getragen haben. Parameter wie der Diffusionswiderstand des Dämmmaterials sind nicht im Prüfumfang enthalten und das Zusammenwirken der verschiedenen Systemkomponenten wird bislang ebenfalls nicht erfasst. Physikalische Eigenschaften des Produkts, die für den Einsatz als diffusionsoffene, kapillaraktive Dämmung bekannt sein müssen, werden von der bestehenden Zulassung nicht vollständig abgebildet.

Ein klassisches Zulassungsverfahren ist im Rahmen der Innendämmung auch nicht zielführend, da hier nicht ausreichend auf die Eigenschaften des Untergrunds und der Bestandskonstruktion eingegangen werden kann. Einflüsse des Klimas, einschließlich der mikroklimatischen Begebenheiten, sowie der Fassadenzustand und damit die mögliche Schlagregenaufnahme lassen eine Einteilung in Belastungsklassen nicht zu. Ein Qualitätssicherungssystem für Innendämmsysteme muss daher einen anderen Schwerpunkt aufweisen. Neben der Prüfung, ob das System funktionstüchtig und dieses im Einzelfall auch nachweisbar ist, müssen die Grenzen der Anwendbarkeit klar definiert werden.

Neben diesen weit reichenden Informationspflichten sollten im Rahmen der Qualitätssicherung – unter Berücksichtigung der genannten Schutzprinzipien – wichtige grundlegende Größen regelmäßig kontrolliert und fremdüberwacht werden, um den Qualitätsstandard zu dokumentieren.

Wichtige, klassische Kenngröße zur Charakterisierung der Materialien	Kleber (falls vorhanden)			Dämmstoff			Dichtigkeitsebene (falls vorhanden)			Armierungs- Unterputz			Endbeschichtung		
Wärmeleitfähigkeit λ				X	Y	Z									
Wasserdampfdiffusions- widerstand μ	X	Y	Z	X	Y	Z	X	Y			Y	Z		Y	Z
Kapillare Wasseraufnahme w		Y	Z			Z						Z			Z
Sorptive Wassergehalte (Feuchtespeicherfunktion u(φ))		Y	Z			Z					Y	Z		Y	Z
Maximales Wasserhaltevermögen $u_{Speicher}$		Y	Z			Z									

X = kondensatverhindernd; Y = kondensatbegrenzend; Z = kondensattolerierend

Bild 10: Matrix von Kenngrößen zur feuchtetechnischen Beurteilung eines Innendämmsystems [Quelle: FVID]

Selbstverständlich können Werte – beispielsweise für die Wärmeleitfähigkeit – im Zuge bestehender Zulassungsprüfungen anerkannt werden. Allerdings müssen etwa für kondensattolerierende Systeme auch die Diffusionseigenschaften bestimmt und regelmäßig bestätigt werden, da diese Eigenschaften für die Funktionstüchtigkeit des Innendämmsystems ungleich wichtiger sind als die Wärmeleitfähigkeit. Die Kenntnis der feuchtephysikalischen Eigenschaften betrifft nicht nur den Dämmstoff selbst, sondern ebenso Klebe- und Spachtelmörtel, die dem System angehören.

Für kapillaraktive, kondensattolerierende Innendämmsysteme wird in Fachkreisen der maximal zulässige Wassergehalt diskutiert. Hier reichen die vertretenen Ansätze von der Sicherstellung der Eisfreiheit (Gefriergrenzpotenzial langfristig kleiner 95 %) bis hin zu einem Durchfeuchtungsgrad von 90 %, da hier immer noch 10 % Restvolumen zur Eisbildung zur Verfügung stehen können. Für die Abschätzung der Schadensfreiheit eines Innendämmsystems ist jedoch die Kenntnis desjenigen Wassergehalts von besonderem Interesse, welcher freiwillig an Ort und Stelle verbleibt. Treten höhere Wassergehalte auf, so wird sich die Feuchtigkeit unkontrollierbar in der Konstruktion verteilen und eine sichere Beurteilung des Abtrocknungs- und Langzeitverhaltens der Gesamtkonstruktion ausschießen. Das Wasserhaltevermögen oder die nutzbare Wasserspeicherfähigkeit sind daher für kapillaraktive Systeme und für Klebemörtel kondensatbegrenzender Systeme von hoher Bedeutung.

Im Rahmen einer Erstprüfung sollte neben den genannten Materialprüfungen der praktische Nachweis erbracht werden, ob das Innendämmsystem entsprechend den Vorgaben des Herstellers funktionstüchtig ist. Weiterhin muss für das System die geforderte Nachweisfähigkeit im Einzelfall belegt werden. Nur durch Transparenz kann erreicht werden, dass unabhängige Planer in die Lage versetzt werden, bei gegebenen Randbedingungen ein funktionierendes Innendämmsystem auszuwählen und für dieses Projekt den Feuchteschutznachweis zu führen.

Die hier angesprochene Verknüpfung zwischen klassischen Qualitätssicherungs-Systemen und dem systematisch objektbezogenen Vorgehen bei der Planung und Dimensionierung einer Innendämmung stellt hohe Anforderungen an eine Zertifizierung von Innendämmsystemen.

4.4 Zertifizierung von Innendämmsystemen mit RAL-Gütezeichen

Das Bauen wird in Deutschland durch eine Vielzahl von Regelungen, Zulassungen und Prüfzeichen bestimmt, so dass in vielen Diskussionen ein zusätzliches Gütezeichen für die Innendämmung oft als unnötig und als zusätzlicher Aufwand empfunden wird. Dabei handelt es sich bei Innendämmsystemen um einen Bereich, in dem es keinerlei Richtlinien oder Produktnormen gibt. Für ein klassisches Zulassungsverfahren besteht somit keine Grundlage.

Die Innendämmung ist von ihren bauphysikalischen Auswirkungen her nicht mit einer klassischen Außendämmung vergleichbar. Das bedeutet, dass im Falle einer Innendämmung ein gänzlich anderes Vorgehen bei dem technischen Nachweis der Dauerhaftigkeit und der Schadensfreiheit der geplanten Maßnahme notwendig ist. Zunächst gilt es, die bestehende Bausubstanz zu beurteilen. In Verbindung mit der Nutzung, der Lüftung und den klimatischen Randbedingungen des Gebäudestandorts kann dann das geeignete Innendämmsystem ausgewählt werden.

Welches System für welches Gebäude sinnvoll ist, kann pauschal nicht beantwortet werden. Ein Plattenbau im brandenburgischen, eher kontinental geprägten Klima, eine zweischalige Klinkerkonstruktion an der schlagregenbelasteten Nordseeküste oder ein Fachwerkgebäude im bayerischen Wald (niedrige Durchschnittstemperaturen mit Schlagregenbelastung) stellen erkennbar deutlich unterschiedliche Anforderungen an eine Innendämmung. Schon diese Hinweise machen klar, dass eine klassische Zertifizierung im Sinne einer Zulassung für ein Innendämmsystem kaum geeignet ist. Eine Unterteilung in verschiedene Klassen, verschiedene Konstruktionen der Außenwand, klimatische Zonen in Verbindung mit verschiedenen Nutzungskriterien führt zu einer Vielzahl von Einzelfällen, die nicht mehr zu überblicken wäre. Aus diesem Grund wurde für das neue RAL-Gütezeichen 964 ein zweiteiliges System entwickelt:

Auf der einen Seite stehen die produktbezogenen Eigenschaften, auf der anderen Seite werden Qualitätsmaßnahmen für die Planung und die Ausführung formuliert, mit denen eine fehlerfreie Anbringung des Innendämmsystems gewährleistet werden soll.

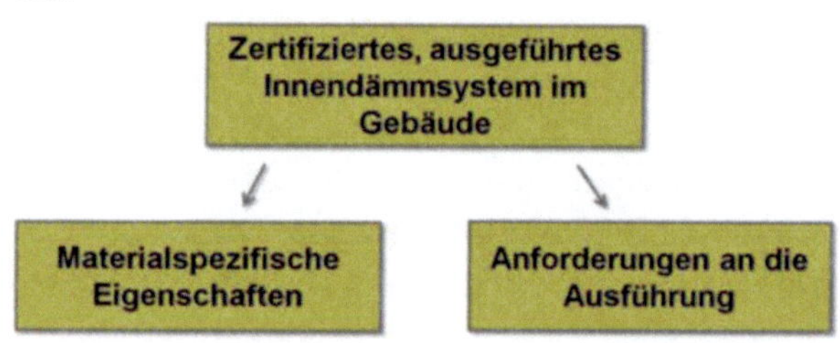

Bild 11: Teile der Gütesicherung »Innendämmung« nach RAL-Gütezeichen 964 [Quelle: FVID]

Neben einer klassischen Produktzertifizierung, wie sie beispielsweise für viele Dämmstoffe oder Wärmedämmverbundsysteme bekannt ist und die nach dem deklarierten Schutzprinzip gegen Tauwasser differenziert, fordern die Güte- und Prüfbestimmungen vom Hersteller eines Innendämmsystems, dass die Einsatzgebiete und -grenzen des Systems dargestellt werden [4]. Weiterhin müssen die entsprechenden feuchte- und wärmetechnischen Materialparameter offen gelegt werden, so dass einem Planer der unabhängige Nachweis des Systems im Einzelfall nach entsprechenden Richtlinien (z. B. WTA-Merkblatt E-6-5) möglich ist. Schlussendlich ist ein praxisbezogener Nachweis der Funktionsfähigkeit des Systems zu erbringen.

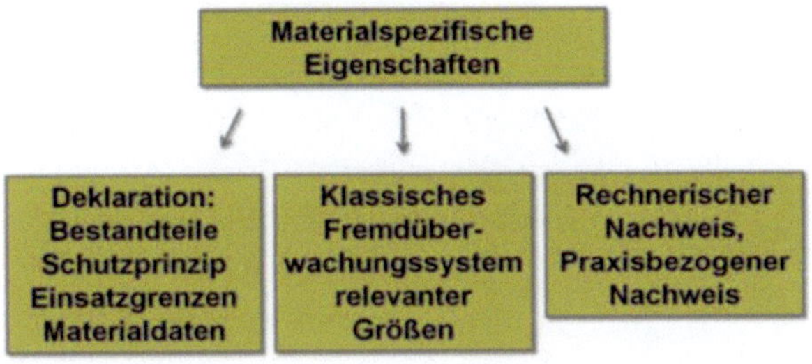

Bild 12: Schwerpunkte bei den materialspezifischen Untersuchungen [Quelle: FVID]

Im zweiten Teil der Güte- und Prüfbestimmungen werden Qualitätsstandards für die Ausführung beschrieben. Hierzu zählen Maßnahmen der Schulung und Beratung von Planern und ausführenden Fachunternehmen sowie die Festlegung von Mindestanforderungen an das ausführende Fachunternehmen. Abschließend werden Vorgaben festgelegt, in welcher Weise der Nutzer eines innenseitig gedämmten Projekts über die durchgeführten Maßnahmen zu informieren ist.

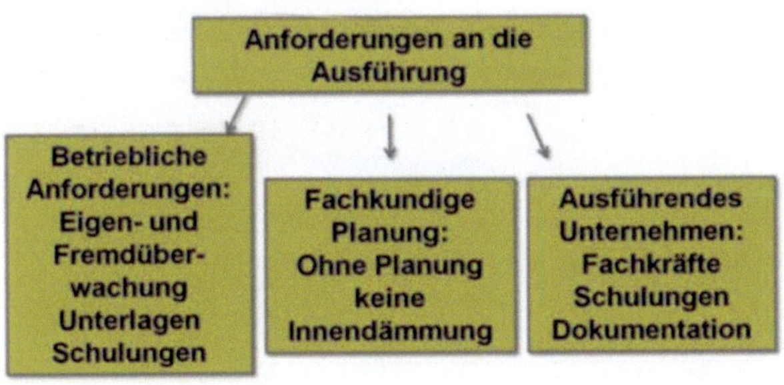

Bild 13: Anforderungen an die Ausführung, Anbringung und Planung eines Innendämmsystems [Quelle: FVID]

Mit diesem umfassenden Qualitätssicherungssystem des RAL-Gütezeichen Innendämmung ist sowohl ein hoher Standard der materiellen Systemkomponenten, als auch des Endprodukts – der ausgeführten Baumaßnahme – sichergestellt. Auf den ersten Blick erscheinen die Anforderungen sehr umfangreich, jedoch ist zu bedenken, dass beispielsweise die Materialparameter für den feuchtetechnischen Nachweis in jedem Fall zu ermitteln sind und viele Hersteller schon heute Anwenderschulungen für ausführende Betriebe anbieten. Gerade bei der anspruchsvollen Vorgehensweise bei Planung und Anbringung einer Innendämmung erscheint dieser Umfang im Sinne der Anwendungssicherheit angemessen.

5 Fachverband Innendämmung e. V. (FVID)

Der Fachverband Innendämmung (FVID) e. V. versteht es als zentrale Aufgabe für Bauherren, Bestandshalter, Planer, Ausführende und Hersteller - entlang der gesamten Wertschöpfungskette »Innendämmung« - ein wissenschaftlich basiertes und praxistaugliches System der Qualitäts- und Gütesicherung zu etablieren und fortzuschreiben. Hierbei gebührt der Produktneutralität und der Technologieoffenheit ein herausragender Stellenwert.

Bild 14: Verbandslogo [Quelle: FVID]

Der FVID will den technisch und ökonomisch sinnvollen Einsatzbereich der Innendämmung, ausgehend vom Denkmalschutz hin zur »erhaltenswerten Bausubstanz«, erweitern. So sind beispielsweise Schmuckfassaden vor Überformung zu schützen und Fassadenproportionen und Fensterteilungen zu erhalten.

Künftig werden Ausbildungs- und Schulungsmaßnahmen des Fachverbandes sowie Elemente der verbandseigenen Qualitäts- und Gütesicherung unter einem eigenen Logo bescheinigt bzw. zertifiziert. Um den genannten weiten Anwendungsbereich deutlich werden zu lassen, hat sich der FVID hierbei bewusst für ein besonderes Bauwerk mit einem Entstehungsjahr nach 1945 entschieden.

Bild 15: FVID-eigenes Zertifizierungslogo »Innendämmung« [Quelle: FVID]

6 Literaturreferenzen

[1] Hecht Cl.; Wegerer P.; Bednar Th.: Innendämmung im Bestand – von den Anforderungen zur Ausführung; Vortrag zum 45. Bausachverständigen-Tag im Rahmen der Frankfurter Bautage 2010 »Schäden beim energieeffizienten Bauen Ursachen – Bewertung – Sanierung« am 24. September 2010; veröffentlicht in Tagungsband, S. 29 – 36, Fraunhofer IRB Verlag, Stuttgart, 2010

[2] WTA – Wissenschaftlich-Technische Arbeitsgemeinschaft für Bauwerkserhaltung und Denkmalpflege e. V. (Hrsg.): WTA-Merkblatt 6-4: »Innendämmung nach WTA I: Planungsleitfaden«, München, 2009

[3] WTA – Wissenschaftlich-Technische Arbeitsgemeinschaft für Bauwerkserhaltung und Denkmalpflege e. V. (Hrsg.): WTA-Merkblattentwurf E-6-5: »Innendämmung nach WTA II: Nachweis von Innendämmsystemen mittels numerischer Berechnungsverfahren«, München, Juli 2013

[4] Gütegemeinschaft Naturstein, Kalk und Mörtel e. V., Köln: Gütesicherung »Innendämmung« RAL-GZ 964

Autor

- Gänßmantel, Jürgen; Dipl.-Ing.

- Ingenieur- und Sachverständigenbüro, Silcherstr. 9, D-72358 Dormettingen. Im Internet unter *www.gaenssmantel.de*

Weiterführende Literatur

Geburtig Gerd, Gänßmantel Jürgen: Innendämmung in der Praxis; Fachbuchreihe Praxis kompakt Nr. 5, C. Maurer Druck und Verlag, Geislingen/Steige 2013; im Internet unter *www.ausbauundfassade.de*

WDVS – Planung und Ausführung von Brandschutzmaßnahmen

Die brandschutztechnische Problematik bei WDVS

Swen Michielsen

Abstract: Der Vortrag beschäftigt sich mit der brandschutztechnischen Planung und Ausführung von Brandschutzmaßnahmen bei Wärmedämmverbundsystemen (WDVS). Es werden die wichtigsten Brandschutzmaßnahmen bei Wärmedämmverbundsystemen erläutert und beschrieben. Darüber hinaus werden die eventuellen Fehler bei der Ausführung dargestellt. Im Ergebnis wird deutlich, dass bei der Ausführung von Wärmedämmverbundsystemen eine durchdachte Planung, Ausschreibung sowie Ausführung erforderlich ist.

Keywords: Wärmedämmverbundsysteme, Brandriegel, Bauordnungen

1 Einleitung

Bei der Anwendung von Wärmedämmverbundsystemen (WDVS) werden in Deutschland die baurechtlichen Grundlagen angesetzt.

Gemäß der Hessischen Bauordnung (HBO) § 25 sind bei der Gebäudeklasse 1, 2 und 3 Dämmstoffe an der Fassade aus normalentflammbaren Baustoffen (B 2) zulässig.

Bei der Gebäudeklasse 4 und 5 sind Dämmstoffe mindestens aus schwerentflammbaren Baustoffen (B 1; zum Beispiel EPS-Hartschaum nach DIN 18164/DIN EN 13163) anzuordnen. Befestigungsteile können aus normalentflammbaren Baustoffen bestehen.

Bei der Anwendung von WDVS im Hochhausbereich sind nur Baustoffe aus nichtbrennbaren Baustoffen (A; zum Beispiel Mineralwolle nach DIN 18165/DIN EN 13162) zulässig.

Für die Anforderungsbereiche des WDVS sind die entsprechenden Nachweise und Systeme in den Allgemeinen bauaufsichtlichen Zulassungen der einzelnen Produkte aufgeführt und festgelegt.

Um den Brandschutz bei Fassaden mit schwerentflammbaren Baustoffen (in Hessen bei der Gebäudeklasse 4 und 5) gewährleisten zu können, sind bei Dämmstoffdicken > 100 mm < 300 mm entsprechende »Brandriegel« anzuordnen.

Der »Brandriegel« ist das Ergebnis eines gemeinsamen Forschungsprojektes unter Federführung des Fachverbandes Wärmedämm-Verbundsysteme e. V. mit der Qualitätsgruppe Wärmedämm-Verbundsysteme ETICS Österreich und dem Schweizerischen EPS-Verband in Zusammenarbeit mit der MFPA Leipzig. Der »Brandriegel« ist europaweit patentrechtlich geschützt.

2 Ausführung Brandriegel bei WDVS mit B 1-Dämmung

In der Folge eines Brandes können die Flammen aus den Gebäudeöffnungen (Fenstern und Türen) herausschlagen und in die vorhandene B 1-Dämmung gelangen. Über die B 1-Dämmung entsteht dann eine Brandweiterleitung über die Fassade.

Um dies zu verhindern, sind entsprechende Brandriegel anzuordnen. Diese »Brandriegel« können entweder direkt oberhalb jeder einzelnen Öffnung oder nach jedem zweiten Geschoss angeordnet werden.

2.1 »Brandriegel« oberhalb jeder Öffnung

Zur Verhinderung der Brandausbreitung in dem Wärmedämmverbundsystem, ist oberhalb jeder Öffnung in der Fassade ein mindestens 20 cm hoher Streifen aus Mineralwolle (mit einem Schmelzpunkt ≥ 1000 °C und einer Rohdichte ≥ 80 kg/m³) anzuordnen.

Dieser Streifen muss seitlich der Öffnung mindestens 30 cm weitergeführt werden.

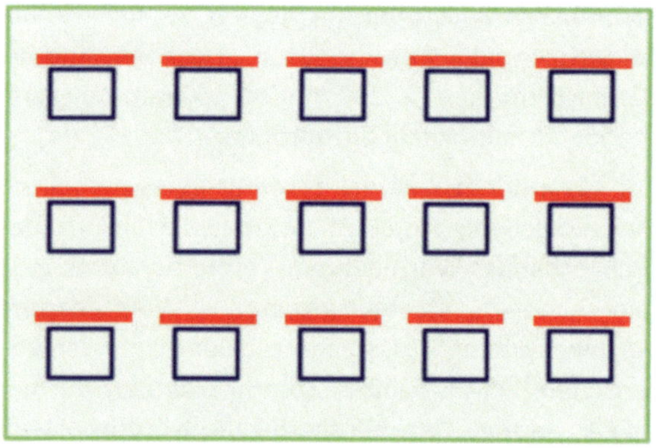

Bild 1: »Brandriegel« oberhalb jeder Öffnung

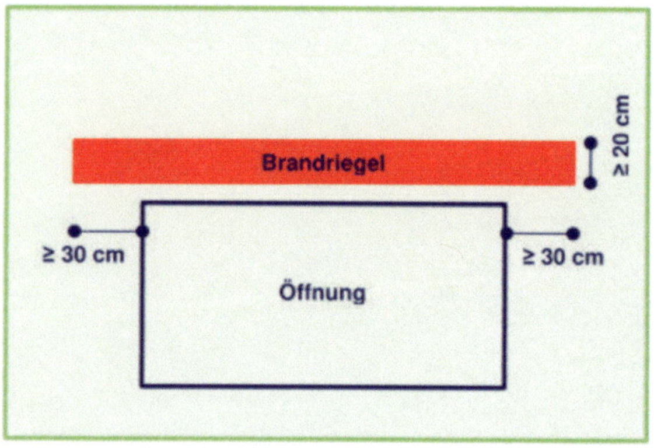

Bild 2: Maße des »Brandriegels«

2.2 Ausführung »Brandriegel« bei Passiv-Häusern

Bei der Ausführung von Passivhäusern werden oft die Fenster- und Türelemente vor der Wand und nicht in der Wand angeordnet. In diesem Fall ist nicht nur oberhalb der Wandöffnung ein »Brandriegel« anzuordnen, sondern auch seitlich der Wandöffnung.

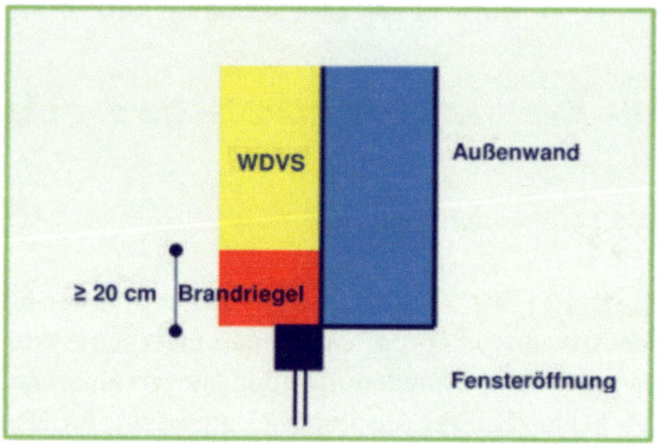

Bild 3: Ausführung »Brandriegel« bei Passiv-Häusern

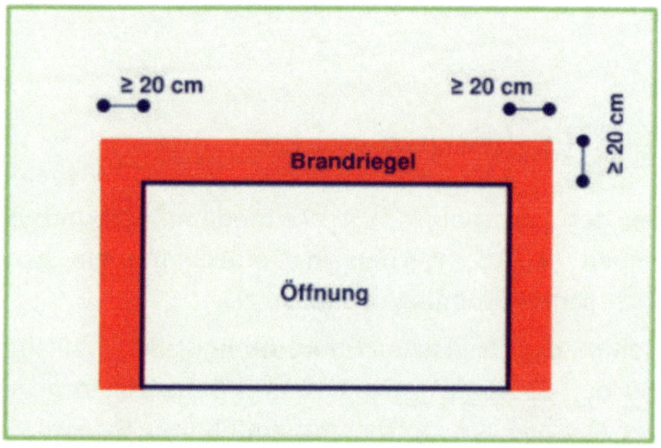

Bild 4: Ausführung »Brandriegel« bei Passiv-Häusern

Diese Ausführung kann entfallen, wenn ein umlaufender »Brandriegel« angeordnet wird (siehe hierzu Ziffer 2.3).

2.3 »Brandriegel« nach jedem zweiten Geschoss

Zur Verhinderung der Brandausbreitung in dem Wärmedämmverbundsystem, kann statt oberhalb jeder Öffnung in der Fassade, nach jedem zweiten Geschoss (um das Gebäude umlaufend) ein mindestens 20 cm hoher Streifen aus Mineralwolle (mit einem Schmelzpunkt ≥ 1000 °C und einer Rohdichte ≥ 80 kg/m³) angeordnet werden.

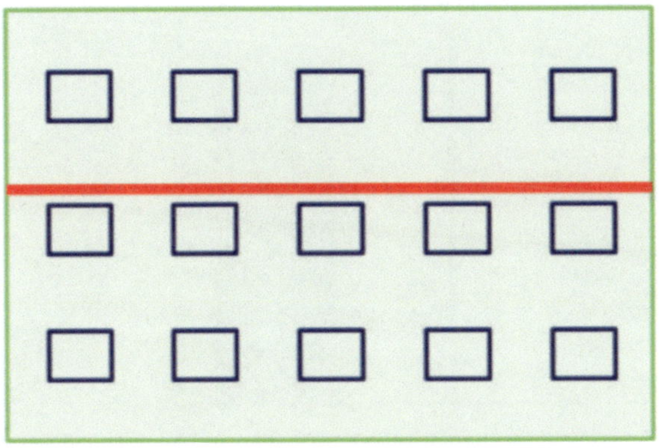

Bild 5: »Brandriegel« nach jedem zweiten Geschoss

2.4 Ausführung »Brandriegel«

Grundsätzlich ist zu beachten, dass zwischen Unterkante Fenster- oder Türsturz und Unterkante »Brandriegel« der Abstand ≤ 50 cm beträgt.

Als Sturz ist hier die Außenwand im Bereich der Gebäudeöffnung gemeint.

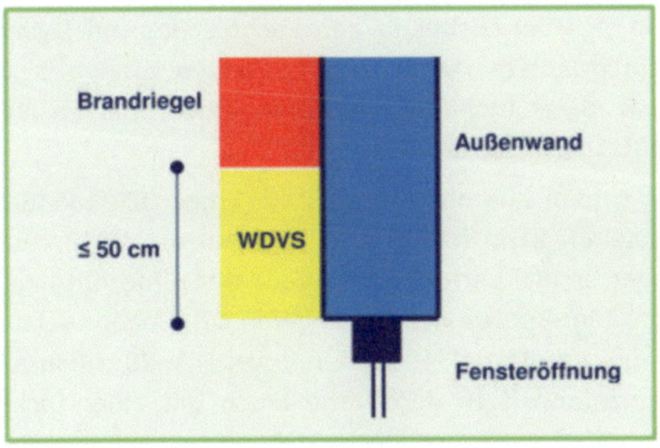

Bild 6: Abstand zwischen »Brandriegel« und Sturz

Die Dicke des »Brandriegels« entspricht der Dicke des Wärmedämmverbundsystems.

Der »Brandriegel« muss vollflächig aufgeklebt werden. Als Kleber ist grundsätzlich ein mineralischer Mörtel oder eine dispersionsgebundene Masse zu verwenden.

Einer der häufigsten Fehler bei der Anbringung von »Brandriegeln« ist, dass z. B. Spalten zwischen den einzelnen Mineralplatten entweder nicht verschlossen oder mit »Bauschaum« ausgeschäumt werden. Dies ist nicht zulässig.

Sollten Spalten vorhanden sein (zum Beispiel wegen schlechtem Zuschnitt), sind diese Spalten mit einer mineralischen Wolle zu verschließen. Alternativ darf ein PU-Ort- bzw. Dosenschaum der Baustoffklasse B 1 (DIN 4102-1) verwendet werden. Dieser Schaum muss ein Allgemeines bauaufsichtliches Prüfzeichen (AbP) haben.

Die einzelnen Verfüllungen sowie die Verfüllung durchgängiger Fugen sind, bei der Verwendung von einem PU-Ort- bzw. Dosenschaum der Baustoffklasse B 1 (AbP), bis zu einer Breite von ≤ 0,5 cm unbedenklich.

Des Weiteren werden die »Brandriegel« nicht immer vollständig und flächig verklebt. Dies ist aber zwingend erforderlich.

Zusätzlich zu der Verklebung sind die »Brandriegel« mit zugelassenen WDVS-Dübeln (Metallspreiznagel oder Metallschraube) zu versehen.

2.5 Besonderheiten

Wenn die Verglasung eines notwendigen Treppenraums geschossübergreifend ist, muss seitlich der Verglasung ein Dämmstreifen aus mineralischer Wolle (mit einem Schmelzpunkt ≥ 1000 °C und einer Rohdichte ≥ 80 kg/m³) angeordnet werden.

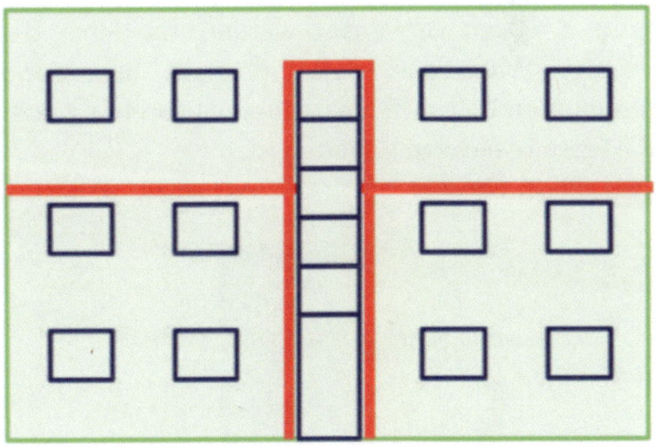

Bild 7: Notwendiger Treppenraum mit geschossübergreifender Verglasung

Hat z. B. eine Giebelseite keine Öffnungen, ist hier ein umlaufender »Brandriegel« nicht erforderlich, wenn in einem Abstand von ≤ 1 m ein vertikaler »Brandriegel« angeordnet wird.

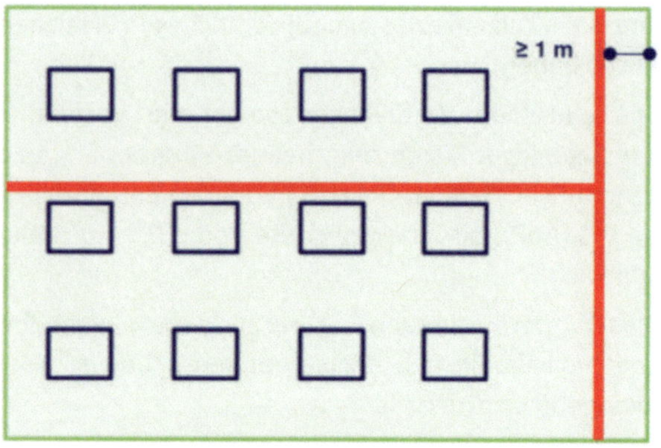

Bild 8: »Brandriegel« bei einer Giebelseite ohne Öffnungen

In den Fällen, bei denen das Wärmedämmverbundsystem als nichtbrennbare Dämmung (A) angewandt werden muss (Hochhäuser, etc.), kann im Spritzwasserbereich von z. B. Balkonen und Sockelbereichen, aus gutachterlicher Sicht eine EPS-Hartschaumdämmung (B 1) angeordnet werden.

Die EPS-Hartschaumdämmung (B 1) darf bis zu einer Höhe ≤ 60 cm verwendet werden, da durch das weitere Wärmedämmverbundsystem aus nichtbrennbaren Baustoffen eine Brandausbreitung über die Fassade nicht zu erwarten ist.

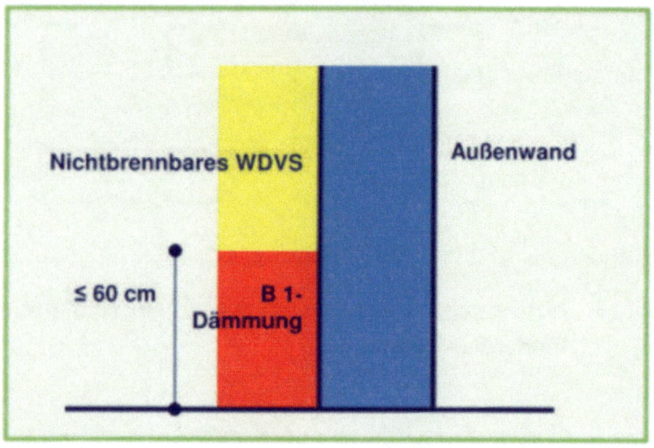

Bild 9: Spritzwasserbereich mit B 1-Dämmung

3 »Brandriegel« bei Doppelfassaden

Gemäß der DIN 18516-1 sind nicht nur bei Wärmedämmverbundsystemen »Brandriegel« anzuordnen, sondern auch bei Doppelfassaden sind horizontale Brandsperren erforderlich.

Diese horizontalen Brandsperren sind ebenfalls in jedes zweite Geschoss umlaufend anzuordnen.

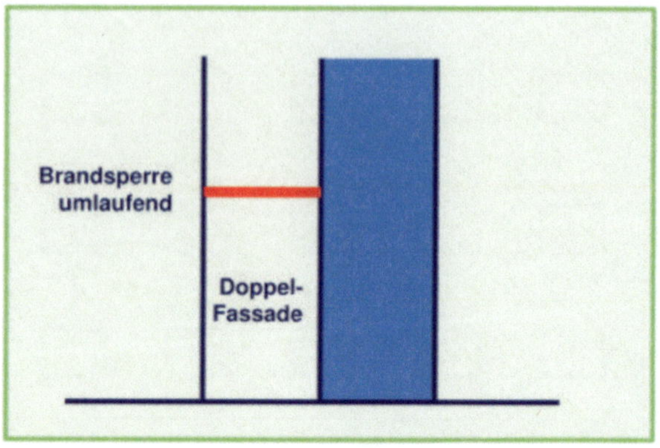

Bild 10: Brandsperre umlaufend in der Doppelfassade

Da in einer Doppelfassade eine umlaufende horizontale Sperre »nicht sehr sinnvoll ist« (dann ist ja der Effekt der Doppelfassade nichtig), gibt es auf dem deutschen Markt spezielle Lochbleche.

Diese Lochbleche sind mit einer intumizierenden Beschichtung versehen, die im Brandfall aufschäumt.

Da sich die Löcher in den Lochblechen auf Dauer durch Luftverschmutzungen zusetzen können, sind z. B. diese umlaufenden horizontalen Sperren aus gutachterlicher Sicht zu vermeiden.

Wie man aus der Anlage 2.6/11 der DIN 18516-1 ableiten kann (Ziffer 4.6), sind horizontale Brandsperren nicht erforderlich, wenn der Hinterlüftungsspalt im Bereich der Laibung von Öffnungen umlaufend im Brandfall über mindestens 30 Minuten formstabil (z. B. durch Stahlblech mit einer Dicke von d ≥ 1 mm) verschlossen ist.

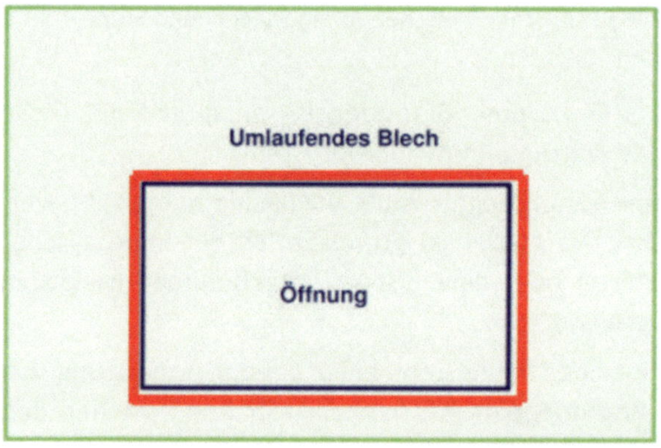

Bild 11: Umlaufendes Blech in der Doppelfassade

4 Zusammenfassung

Das Thema Brandschutz im Zusammenhang mit Wärmedämmverbundsystemen ist sehr komplex, da es viele verschiedene Ausführungen eines Wärmedämmverbundsystems gibt.

Wichtig bei der brandschutztechnischen Bewertung ist, dass bei der Anordnung von Wärmedämmverbundsystemen die Brandausbreitung im Ereignisfall über die Fassade verhindert werden soll.

Aus diesem Grund ist bei der Planung und Ausführung eines Wärmedämmverbundsystems mit großer Sorgfalt vorzugehen.

Da nicht alle Systemlösungen und Fallbespiele aufgeführt werden können, sind weitere Systemlösungen und Fallbespiele in der Technischen Systeminfo 06 des Fachverbands Wärmedämm-Verbundsysteme e. V. aufgeführt und ausführlich beschrieben.

5 Literaturreferenzen

[1] Hessische Bauordnung (HBO) in der Fassung der Bekanntmachung vom 15. Januar 2011 (GVBl. I S. 46, 180), geändert durch Gesetz vom 21. November 2012 (GVBl. I S. 444)

[2] Technische Systeminfo 06, Wärmedämm-Verbundsysteme zum Thema Brandschutz vom Fachverband Wärmedämm-Verbundsysteme e. V.

- DIN 18164 Teil 1 »Schaumkunststoffe als Dämmstoffe für das Bauwesen – Dämmstoffe für die Wärmedämmung«
- DIN 18165 Teil 1 »Faserdämmstoffe für das Bauwesen – Dämmstoffe für die Wärmedämmung«
- DIN EN 13162:2012, Wärmedämmstoffe für Gebäuden- werkmäßig hergestellte Produkte aus Mineralwolle (MW)
- DIN EN 13163:2013-03, Wärmedämmstoffe für Gebäude – Werkmäßig hergestellte Produkte aus expandiertem Polystyrol (EPS)
- DIN 18516-1:2010-06, Außenwandbekleidungen, hinterlüftet – Teil 1: Anforderungen, Prüfgrundsätze

Autor

- Michielsen, Swen; Dipl.-Ing. (FH)

Brandschutzsachverständiger
Beratender Ingenieur der Ingenieurkammer Rheinland-Pfalz
Rolandsberg 6, 67435 Neustadt
06321-968892
swen@michielsen.de

WDVS Details für dauerhafte Lösungen

Schadensfälle vermeiden

Clemens Hecht

Abstract: Bei der planerischen Entwicklung eines Gebäudes sind Details wesentlich für eine Konstruktion mit langer Lebensdauer. Bei ordnungsgemäßer Planung, Ausführung sowie Pflege und Wartung eines Wärmedämmverbundsystems besteht kein Schadensrisiko, eine lange Lebensdauer ist anzunehmen. Wird davon bewusst oder unbewusst abgewichen, steckt der »Teufel« und damit die potenzielle Schadensursache im Detail. Dies sind nicht nur baukonstruktive Details! Es kommen vermeintliche Kleinigeiten, die der Planer, Verarbeiter und / oder Nutzer berücksichtigen kann, hinzu.

Keywords: Wärmedämmverbundsystem, WDVS, Planung, Konstruktionsdetails, Verarbeitung, Anschlüsse

1 Allgemein

Außenwand-Wärmedämmverbundsysteme (in der Folge WDVS genannt) eignen sich für Neubauten ebenso wie für Altbauten. Sie verbessern nachhaltig den Energiehaushalt. Doch nur die richtige Ausführung garantiert optimale Ergebnisse. Schon bei der Planung sollten daher die grundlegenden Regeln berücksichtigt werden.

Der Beitrag basiert auf der Verarbeitungsrichtlinie der ARGE Qualitätsgruppe Wärmedämmsysteme [1] und wurde durch einzelne Aspekte ergänzt. Sie richtet sich an Planer, ausschreibende Stellen, Generalunternehmer und Verarbeiter, insbesondere an zertifizierte WDVS Fachverarbeiter (ZFV). Sie stellt Lösungen zur Verfügung, die zur Wertsteigerung jedes Gebäudes beitragen – vorausgesetzt, sie werden von allen am Bau Beteiligten gemeinsam umgesetzt.

2 Einleitung

WDVS sorgen primär für Wärmedämmung und den Schutz des Gebäudes vor Witterungseinflüssen, nicht aber für die Wind- und Luftdichtheit oder den Schallschutz der Außenwand. Dieser wird durch den Wandbildner selbst oder durch bauliche Maßnahmen bei Einbauten und deren Anschlüsse sichergestellt.

Die europäische Kommission definiert folgende Kriterien als wesentlich für die Funktionalität eines Bauwerks: Energieeinsparung/Wärmeschutz, Nutzungssicherheit und Dauerhaftigkeit.

> Voraussetzung dafür ist seitens des WDVS, dass die Bestandteile im System perfekt aufeinander abgestimmt sind. Ebenso wichtig ist die sachgerechte Planung und Ausführung.

Die ETAG 004 bezeichnet WDVS als einen Bausatz aus einem vorgefertigten Wärmedämmstoff, der auf Außenbauteile geklebt und mit einem Putz versehen wird. Er kann zusätzlich mit Hilfe von Dübeln, Profilen, Spezialteilen u. a. mechanisch befestigt werden. Der Putz besteht aus einer oder mehreren Schichten, die auf der Baustelle aufgebracht werden. Eine Schicht enthält die Bewehrung und wird direkt – ohne Luftzwischenraum oder Trennschicht – auf die Dämmplatten aufgebracht. Systembestandteile sind ebenfalls Zubehörteile wie z. B. Gewebewinkel, An- und Abschlussprofile, Dehnfugenprofile, Sockelprofile, Dämmelemente und Montageelemente.

Die europäischen Regelungen verpflichten alle Anbieter (Systemhalter und/oder Händler) dazu, komplette, zugelassene und CE-gekennzeichnete WDVS zu liefern.

3 Grundsatzdetails

3.1 Planung

Wesentlich für die Planung und Ausschreibung des WDVS ist, dass:

- das vorgesehene WDVS hinsichtlich Wärmedämmung und Dampfdiffusion grundsätzlich geeignet ist (z. B. ausreichende Laibungsdämmung)
- die Brandschutzbestimmungen (Klassifizierung des Brandverhaltens, Planung von Brandschutzriegeln oder Brandabschnitten) der jeweiligen Landesbauordnungen berücksichtigt werden
- für die Verdübelung Angaben zur Systemklasse, Geländekategorie, Basiswindgeschwindigkeit, Gebäudebezugshöhe und zur Flächenlast des WDVS erfolgen
- sämtliche An- und Abschlüsse sowie Durchdringungen und Detailausbildungen so geplant werden, dass klare Ausführungsangaben vorhanden sind und auf Dauer schlagregensichere An- und Abschlüsse hergestellt werden können; damit wird das WDVS und der Wandbildner vor Hinterfeuchtung geschützt
- Anschlüsse an angrenzende Bauteile (z. B. Blechhochzüge) so geplant werden, dass thermisch bedingte Bewegungen der Bauteile vom WDVS entkoppelt sind
- die Art und Lage von Dehnfugen definiert ist
- Angaben zur Ausbildung des Sockels und des Spritzwasserbereichs vorliegen
- Befestigungen für Markisen, Handläufe, Fensterläden u. Ä. so geplant werden, dass eine kraftschlüssige und wärmebrückenverminderte Montage möglich ist (vorgefertigte Montageelemente/-systeme).

Der Planer hat es bereits in der Hand, die im Detail befindlichen Möglichkeiten für Schadensfälle zu vermeiden.

Hier muss darauf hingewiesen werden, dass die o.g. erforderliche Planung derzeit bedauerlicherweise selten bzw. nur in einem begrenzten Umfang stattfindet. Ein WDVS ist bei den heutigen technischen und bauphysikalischen Anforderungen kein einfaches, sondern ein komplexes System mit zahlreichen zu lösenden Details, das geplant werden muss.

3.2 Vor der Verarbeitung

Unternehmen, die WDVS verarbeiten, müssen dafür sorgen, dass

- sich der Fachverarbeiter entsprechendes Fachwissen aneignet und sich weiterbildet (hierfür bietet z. B. die ARGE Qualitätsgruppe Wärmedämmsysteme entsprechende Zertifizierungskurse mit den Bauakademien in Österreich an)
- auf die Baustelle gelieferte Produkte auf ihre Systemzugehörigkeit kontrolliert werden
- das WDVS, wenn vom Systemhalter nicht anders angegeben, vom Fachverarbeiter nach dem Stand der Technik appliziert wird
- vor Beginn der Arbeiten am WDVS mit dem Planer, der Bauaufsicht oder dem Bauherren Gewerkeübergänge zu besprechen sind.

3.3 Beginn der Verarbeitung

Mit der Verlegung des WDVS darf erst begonnen werden, wenn:

- alle Installationen im Untergrund verlegt und die dadurch entstandenen Durchbrüche sorgfältig verschlossen sind. Eine Verlegung von Installationen im WDVS ist nicht gestattet, ausgenommen notwendige Durchdringungen (z. B. Leitungen zu Außenleuchten)
- alle Fugen und Schlitze im Untergrund sorgfältig verschlossen sind
- alle nicht zu beschichtenden Flächen wie Glas, Holz, Aluminium, Sohlbänke, Traufenpflaster usw. durch entsprechende Abdeckungen geschützt sind
- der Untergrund keine durch Augenschein feststellbaren Durchfeuchtungen aufweist
- Innenputze und Estrich eingebracht und weitgehend ausgetrocknet sind; ausreichende Lüftung ist wichtig
- sämtliche Horizontalflächen wie Attiken, Mauerkronen oder Gesimse mit geeigneten Abdeckungen versehen wurden, um eine Hinternässung des WDVS während und nach der Ausführung zu vermeiden
- das Niveau und die Lage der fertigen Gelände- bzw. Belagsoberkante (FGOK) festgelegt wurde

- für sämtliche An- und Abschlüsse und Detailausbildungen klare Ausführungsangaben vorhanden sind
- Durchdringungen so geplant sind, dass dauerhaft schlagregensichere An- und Abschlüsse sichergestellt werden können
- eine Prüfung des Untergrunds auf seine Eignung erfolgte und erforderlichenfalls geeignete Maßnahmen getroffen wurden
- bei Altbauten die Ursachen für aufsteigende Feuchtigkeit, Salzausblühungen u. Ä. beseitigt wurden und das Mauerwerk ausreichend ausgetrocknet ist.

Durch diese Art Vorprüfung können Schadensursachen aus dem vorherigen Bauablauf bzw. dem vorhandenen Gebäudezustand, die in weiterer Folge »verdeckt« sind, minimiert werden.

3.4 Angrenzende Gewerke

Im Detail erweisen sich die Übergänge zu »Anderen« immer wieder als problematisch. Entsprechende, an das WDVS angrenzende Gewerke, sind zu beachten:

- Bauwerksabdichtung
  Die Bauwerksabdichtung muss vor dem Aufbringen des WDVS bauseits vorhanden sein.
- Perimeterdämmung
  Sie wird in der Regel durch den Ersteller der Kellerwand oder durch Abdichtungsunternehmen aufgebracht und ist nicht Bestandteil des WDVS.
- Fenster/Fensterbank
  Nicht formstabile oder vorgesetzte Fensterkonstruktionen (d.h. die Fensterkonstruktion befindet sich in der Dämmebene) mittels z. B. dünnwandigen Blechprofilen entsprechen nicht dem Stand der Technik und sind daher für einen dauerhaft schlag- und windregensicheren Anschluss nicht geeignet.

  Anschlüsse an angrenzende Bauteile (z. B. Sohlbänke) müssen so ausgeführt werden, dass thermisch bedingte Bewegungen der Bauteile vom WDVS entkoppelt sind.

  Foliendichtbänder im Anschluss Fenster/Bauwerk müssen überklebbar oder überputzbar sein.
- Beschattungssysteme
  Es gilt darauf zu achten, dass Beschattungssysteme formstabil und mit einem klebegeeigneten Untergrund (Putzträger) versehen sind.

  Bei der Dimensionierung der Beschattungssysteme ist es wichtig, dass bei einer notwendigen Überdämmung eine Restdicke des Dämmstoffs von mindestens 3 cm gewährleistet ist.
- Dach
  Ordnungsgemäß ausgeführte Dachanschlüsse bedürfen einer gut überlegten Detailplanung. Nur wenn die Rahmenbedingungen (Dachhinterlüftung, Folie, Lage der Abdichtungsebene etc.) genau abgeklärt wurden, kann ein dauerhaft funktionierender Dachanschluss hergestellt werden.
- Handläufe, Vordächer u. Ä. (Schlosser)

  Bereits bei der Planung sind geeignete Montageelemente/-systeme zu berücksichtigen.
- Attikaverblechungen, Hochzüge, Regenabfallrohre (Spengler)

  Erfolgt die Montage der Attika-Verblechung nach dem Verlegen des WDVS, sollte dieses vor Wassereintritt während der Bauphase geschützt werden.
- Bodenbeläge, Pflasterungen u. Ä. (Pflasterer/Garten- und Landschaftsbauer)

  Vor Beginn der Arbeiten am WDVS die Höhe des fertigen Terrains (FGOK) und die Anarbeitung des Bodenbelags bzw. des Unterbaus definieren (ggf. Schutzmaßnahmen treffen).
- Blitzschutz, elektrische Installationen und Anschlüsse, Stecker, Lampen (Elektriker) / Gas-/Wasserleitungen u. Ä. (Installateur)

  Die Durchdringungen durch das WDVS sollten mit geeigneten Elementen und Maßnahmen geplant werden. Bei wasserführenden Leitungen ist Kondenswasser auszuschließen! Die Leitungen sind außerhalb des WDVS oder im Wandbildner zu planen und zu verlegen. Ein Schlitzen des Dämmstoffs ist nicht zulässig.

Der Koordinierung und Abstimmung der angrenzenden Gewerke kommt besondere Bedeutung zu, da nur so sichergestellt werden kann, dass alle Vorarbeiten und daraus ableitbaren Voraussetzungen erfüllt sind. Beachtung einer bautechnisch sinnvollen Reihenfolge!

4 Ausgewählte Details

4.1 Detail Anschluss an bestehende Geländeoberkante mit Sockelprofil

Der untere Abschluss an die bestehende Geländeoberkante wird derzeit mit der Österreichischen Arbeitsgemeinschaft Putz (ÖAP) mit der so genannten Sockelrichtlinie für Österreich neu beschrieben. In Deutschland erschien in diesem Jahr eine umfangreiche Richtlinie zum gleichen Thema [2]. Beide Werke gilt es zu beachten, da nur deren konsequente Anwendung, beginnend mit der Planung, dauerhafte Lösungen bewirkt.

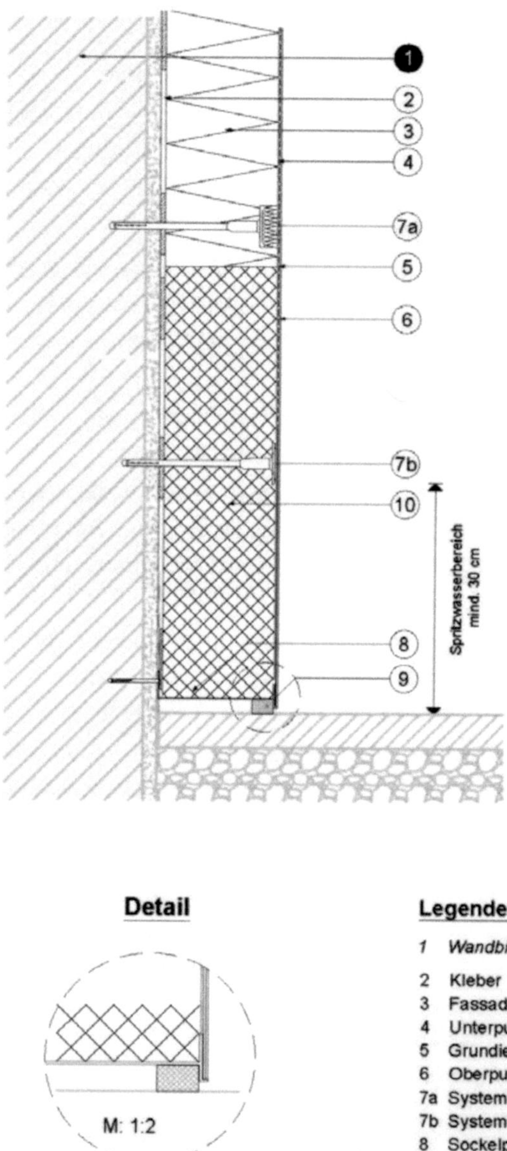

Legende:

1 *Wandbildner*
2 Kleber
3 Fassadendämmplatte
4 Unterputz samt Bewehrung
5 Grundierung (systemabhängig)
6 Oberputz
7a Systemdübel (optional)
7b Systemdübel (zwingend)
8 Sockelprofil
9 Fugendichtband
10 Sockeldämmplatte

Bild 1: Anschluss an bestehende Geländeoberkante mit Sockelprofil (aus [1])

4.2 Detail Anschluss an eine Balkonplatte mit thermischer Trennung

Wichtig beim Anschluss an eine Balkonplatte mit thermischer Trennung ist:

- der Spritzwasserbereich ist analog eines Sockels zu behandeln (siehe 4.1), Unterschiede ergeben sich u. a. im Fußbodenaufbau
- dass bei der bauphysikalischen Dimensionierung des Anschlussdetails (thermische Trennung) der Systemaufbau des WDVS und seine Dimensionen bekannt sind, da der Wärmebrückeneffekt sehr stark sein kann.

Ist dies nicht der Fall, kann es zu Schäden durch Schimmel und / oder Feuchtigkeit kommen

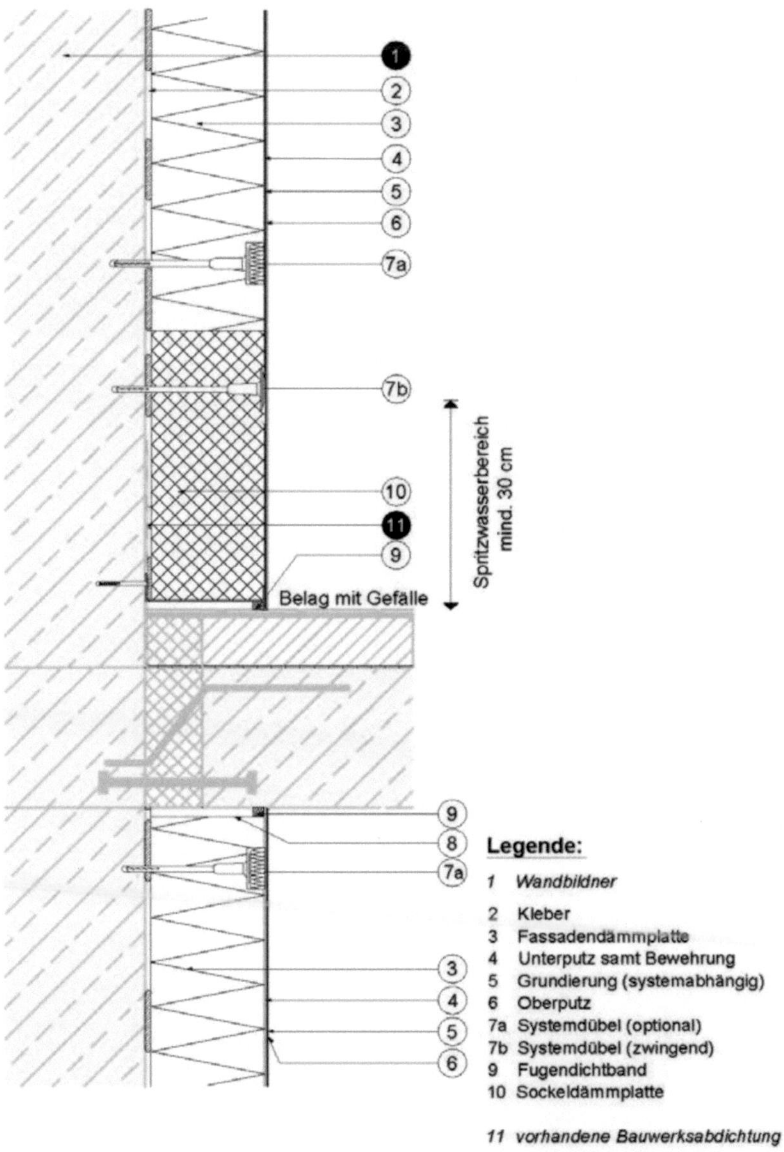

Bild 2: Anschluss an eine Balkonplatte mit thermischer Trennung (aus [1])

4.3 Detail Anschluss an Fenster und Türen mit zurückgesetzter Laibung

Beim Fenster- und Türanschluss ist grundsätzlich die Herstellung eines schlagregensicheren Anschlusses des WDVS an den Fenster- und Türstock wesentlich. Systemhalter bieten auf ihr System abgestimmte Lösungen an. Gerade für Niedrigenergie- und Passivhäuser ist eine wärmebrückenfreie Planung und Ausführung wesentlich, da der Schaden nicht durch mangelnde Schlagregensicherheit entstehen kann, sondern durch Wärmebrückeneffekte. Die Möglichkeit der Stockverbreiterung ist zu bedenken.

> Putz- oder fassadenbündige Fenstereinbauten sind derzeit nur über Sonderlösungen gemeinsam mit dem Systemhalter lösbar!

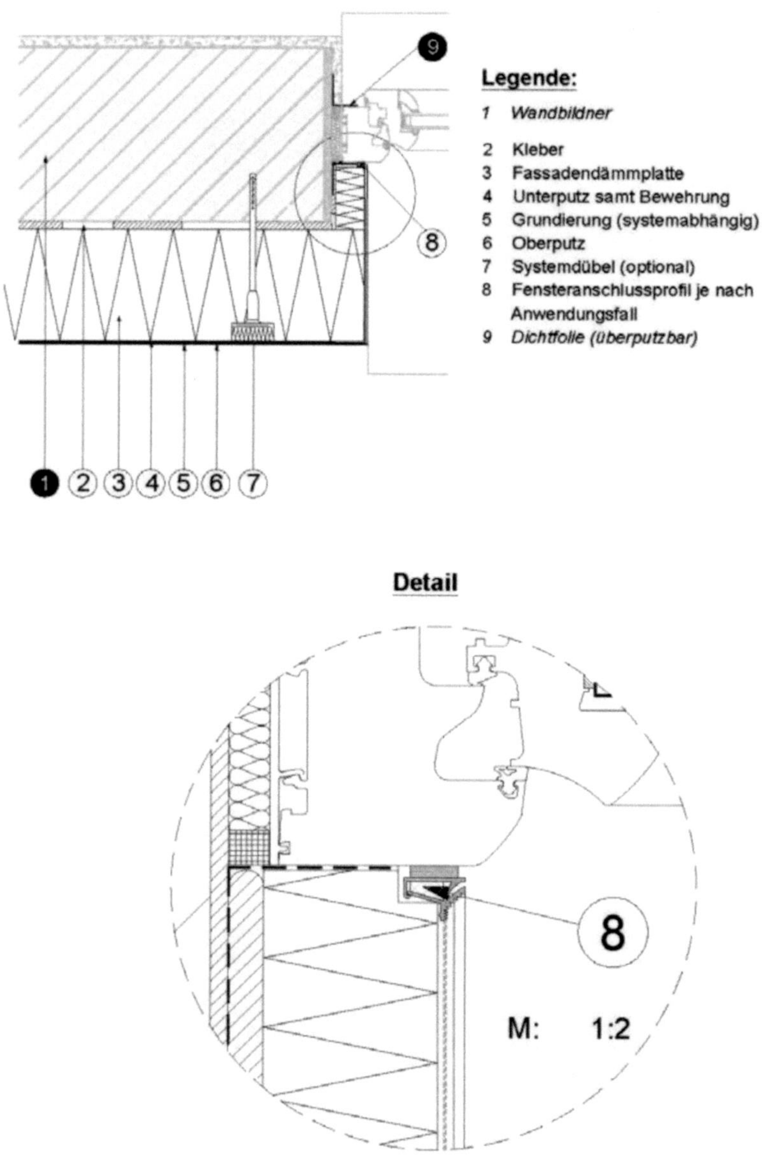

Bild 3: Anschluss an Fenster und Türen mit zurückgesetzter Laibung (aus [1])

4.4 Detail Fensterbank

Der Einbau von Fensterbänken ist in [3] ausführlich beschrieben. Diese Richtlinie wird derzeit intensiv diskutiert, so dass eine Neuauflage folgen wird. Bei der Planung des Fensterbankeinbaus sind vom Planer u. a. folgende Punkte zu berücksichtigen (Auszug aus der aktualisierten unveröffentlichten Fassung von [3]):

- Fenster und Fenstertüren müssen luftdicht, wind- und schlagregendicht in den Baukörper eingebaut sein
- die Berücksichtigung von zulässigen Maßtoleranzen der einzelnen Gewerke
- die Höhe des Parapets muss auf das Fensterbank-, Montage- und Abdichtsystem abgestimmt bzw. vorbereitet sein
- Anschlussausbildung der Fensterbank, inkl. Fenstermaterial, Art der Fensterbank etc.
- Anschlussmöglichkeit des Spenglers bzw. Schwarzdeckers für die Abdichtungsebene vor Einbau der Fensterbank muss gegeben sein (z. B. bei Terrassen und Balkonen)
- die Leistung anderer Gewerke, Schnittstellen und / oder Leistungsgrenzen sind in Abhängigkeit des Bauablaufs so zu planen, dass die Leistungen der einzelnen Gewerke funktionstauglich bleiben
- es muss eine Leistungsabgrenzung / Verantwortlichkeit für das so genannte »Gewerkeloch« definiert werden
- bei nicht in sich dichten Fensterbänken (z. B. Natursteinfensterbänke) oder bei nicht wannenförmig ausgeführten Fensterbanksystemen ist eine zweite wasserführende Dichtungsebene zwingend
- jegliche Bewegungen der Fensterbank (thermisch bedingt oder durch Wind/-Sogbelastungen) dürfen nicht in das Fassadensystem abgeleitet, sondern müssen entweder durch das Fensterbanksystem selbst und / oder durch den gewählten Einbau aufgenommen werden
- die Neigung der Fensterbank ist nach vorne mit einem Mindestgefälle von 5 Grad (entspricht einem Gefälle von 8,8 %) auszuführen
- der Fensterbankvorsprung hat zumindest 40 mm vor dem fertiggestellten Fassadensystem zu liegen. Der Abstand zwischen Abtropfkante und fertiger Fassadenoberfläche muss mindestens 30 mm betragen (Steinfensterbank Wassernut).

Voraussetzungen für den Einbau der Fensterbank selbst sind u. a. (Auszug aus der aktualisierten unveröffentlichten Fassung von [3]):

- Hohlräume unter der Fensterbank, zum Beispiel Ziegelkammern, sind durch Glattstrich zu verschließen (siehe Bild 1)
- Dämmplattenversetzfugen (Fuge zwischen tragendem Baukörper und Dämmstoff) sind zu verschließen
- die Anschlüsse der Fensterbank bzw. die Fensterbank selbst müssen einen Wassereintritt in die Konstruktion dauerhaft verhindern und Oberflächenwasser von Fenster und Fassade kontrolliert ableiten
- Fensterbankhalter, Maueranker, Konsolen sind je nach Fensterbankmontage und bei Steinfensterbänken mit einer Auflagerfläche am Parapet des Baukörpers kleiner 2/3 zu verwenden. Empfehlungen des Herstellers sind zu berücksichtigen
- der Anschluss zum Fenster und zum Fassadensystem (Laibung) muss schlagregensicher mit auf Schlagregendichtheit geprüften Materialien und Systemen ausgeführt werden
- beim Einbau ist die vorgeschriebene Verarbeitungstemperatur der eingesetzten Materialien (nach Herstellerangaben) einzuhalten
- aufgrund der thermischen Längenänderung (Verkürzung oder Verlängerung) der Fensterbank sind Mindestfugenbreiten einzuhalten
- verwendete Dichtbänder müssen der Beanspruchungsklasse BG1 gemäß DIN 18542 entsprechen, bei der Verarbeitung ist die Expansionsgeschwindigkeit zu beachten
- der Ausführende des Fensterbankanschlusses hat den Bauherrn über Maßnahmen zu informieren, die im Rahmen der Wartung und Pflege zur Sicherstellung der Funktionstauglichkeit notwendig sind.

4.5 Detail Dachanschluss Warmdach

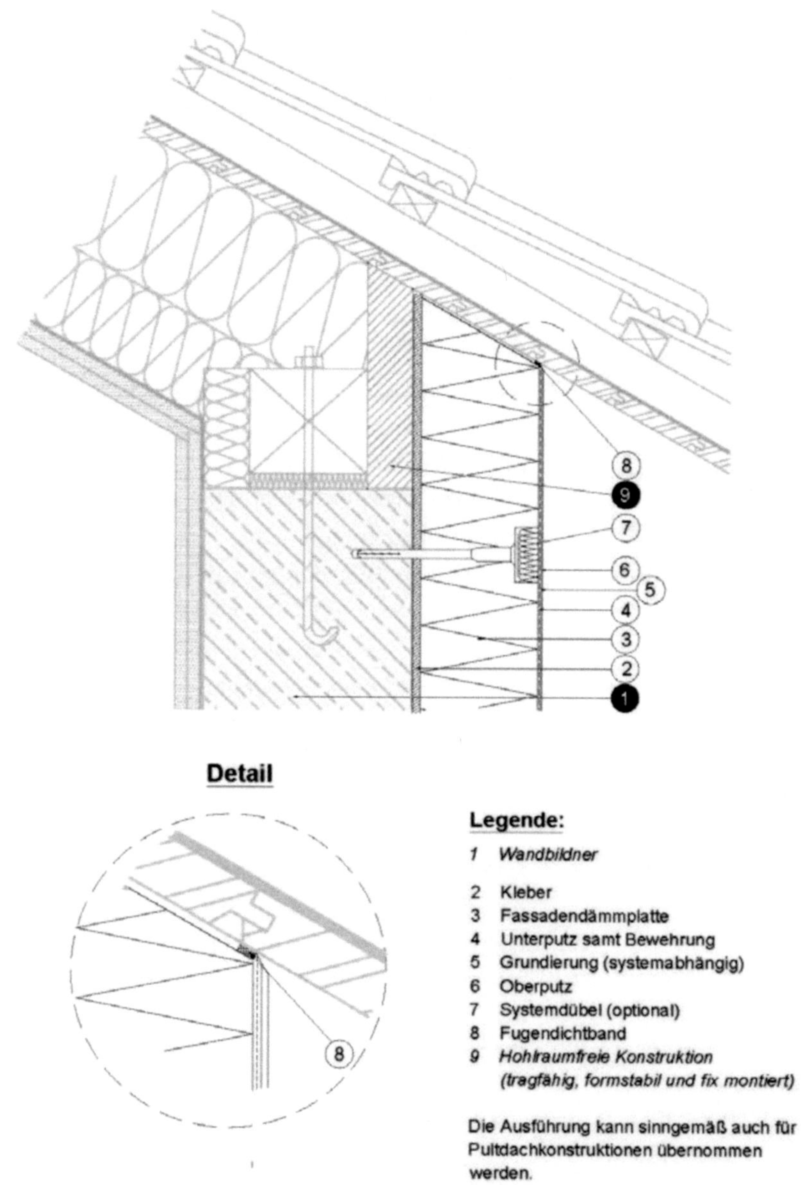

Bild 4: Dachanschluss Warmdach (aus [1])

4.6 Detail Dachanschluss hinterlüftetes Kaltdach

Die wesentlichen Detailpunkte, auf die besonders zu achten ist:

- die erforderliche Hinterlüftung der Dachkonstruktion muss vorhanden und funktionsfähig sein (siehe Bild 5 (8))
- hohlraumfreie Unterkonstruktion (siehe Bild 5 (10)): tragfähig, formstabil und fix montiert
- für das Verlegen der obersten zwei Dämmplattenreihen des WDVS gelten gesonderte Regelungen (siehe [1]).

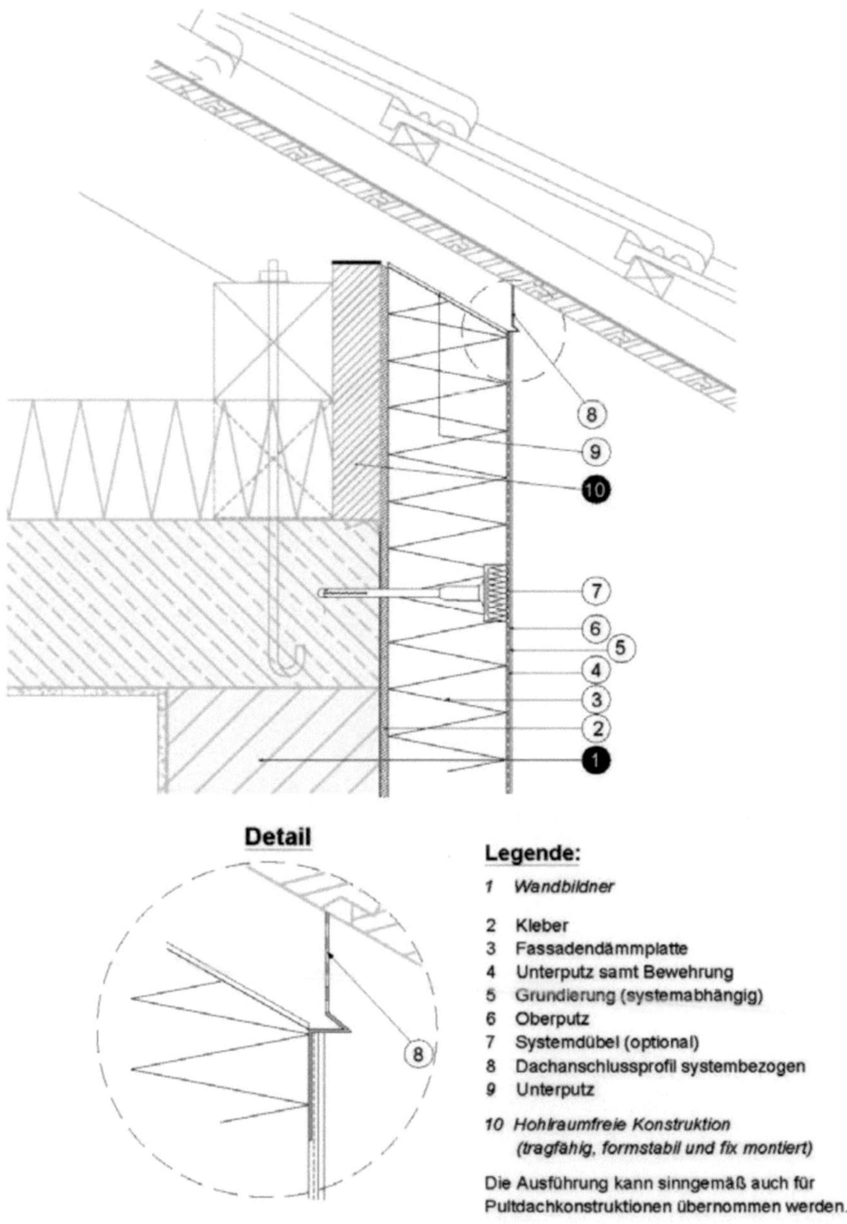

Bild 5: Dachanschluss hinterlüftetes Kaltdach (aus [1])

5 Literaturreferenzen

[1] Arbeitsgemeinschaft Qualitätsgruppe Wärmedämmsysteme (Hrsg.): Verarbeitungsrichlinie 2011. Wien, Schmutzer Verlag, 2011

[2] Fachverband der Stuckateure für Ausbau und Fassade Baden-Württemberg (Hrsg.): Richtlinie Fassadensockelputz / Außenanlagen. 3. überarbeitete Auflage, 2013

[3] Österreichische Arbeitsgemeinschaft Fensterbank (Hrsg.): Richtlinie für den Einbau von Fensterbänken. 1. Auflage, 2012

Autor

- Hecht, Clemens; DI Dr.

- Sprecher Arbeitsgemeinschaft Qualitätsgruppe Wärmedämmsysteme im Fachverband der Stein- und Keramischen Industrie; Wiedner Hauptstraße 63, A - 1045 Wien; info@waermedaemmsysteme.at

Weiterführende Informationen

www.waermedaemmsysteme.at

Inklusive der Möglichkeit des downloads von Ausführungsdetails.

www.ea-etics.com

Sachverständige und Eingriffe in die Bausubstanz Teilreferat: Bauteilöffnung aus richterlicher Sicht

Hans-Heiner Bodmann

1 Die Stellung des Gerichts

Aufgabe des Gerichtes ist es, einen Rechtsstreit zu entscheiden und die zwischen den Parteien streitigen Tatsachenbehauptungen durch eine Beweisaufnahme aufzuklären.

Das Gericht bleibt auch bei der Erhebung des Beweises durch ein Sachverständigengutachten Herr des Verfahrens.

Das Gericht darf nicht der Versuchung erliegen, wegen seiner geringeren oder fehlenden Sachkunde die Sachentscheidung letztlich dem Sachverständigen zu überlassen.

Handelt es sich bei den streitigen Tatsachen um bautechnische Fragen (Mängel, nicht vollständige Bauausführung usw.), fehlt dem Gericht regelmäßig die erforderliche Fachkunde.

Um diese fehlende Fachkunde auszugleichen, darf und muss sich das Gericht der Fachkunde des Sachverständigen bedienen.

2 Gericht und Sachverständiger

Der Sachverständige ist weisungsabhängiger Gehilfe des Gerichts bei der Auswertung ihm vorgegebener Tatsachen durch die aus seinem Fachwissen hergeleiteten Bewertungen, Schlussfolgerungen und Hypothesen.

Dieser Weisungsgebundenheit des Sachverständigen entsprechend ist das Gericht verpflichtet, den Sachverständigen in den Grund, Inhalt und Zweck des Gutachtenauftrages vollständig und unmissverständlich einzuweisen. Eine Vorenthaltung von Akten (teilen) aus Gründen des Persönlichkeitsschutzes kommt allenfalls in Extremfällen in Betracht.

(Prütting ZZP 106,460).

Ggf. besteht auch Anlass zur rechtlichen Anleitung

(OLG Köln OLGR 98,318).

Mit der Anordnung der Beweisaufnahme durch die Einholung eines Sachverständigengutachtens geht die Zuständigkeit auf den Sachverständigen über.

Er hat gemäß § 407 unter den dort genannten Voraussetzungen das geforderte Gutachten zu erstatten. Es ist dabei grundsätzlich seine Aufgabe, das Gutachten persönlich zu erstatten (§ 407 a Absatz 2 ZPO) oder mitzuteilen, er sei hierzu nicht oder nicht allein imstande (§ 407 a Absatz 1 ZPO). Zulässig ist die Zuziehung von Gehilfen durch den Sachverständigen, sofern dadurch die Eigenverantwortlichkeit des Sachverständigen nicht infrage gestellt wird. Bei Hilfsdiensten nicht lediglich untergeordneter Bedeutung hat er Mitarbeiter namhaft zu machen und den Umfang ihrer Tätigkeit anzugeben (§ 407 a Absatz 2 Satz 2 ZPO).

Neben dem Ablehnungsgrund mangels eigener Sachkunde für die Beantwortung der Beweisfrage, sieht das Gesetz ein Weigerungsrecht des Sachverständigen nur noch unter den Voraussetzungen des § 408 ZPO aufgrund eines Zeugnisverweigerungsrechts vor.

Auf notwendige Vorbereitungsmaßnahmen, die von seiner Fachkompetenz umfasst werden (z. B. Öffnung von Bauteilen), erstreckt sich der Gutachtenauftrag auch ohne besondere Ermächtigung

(OLG Frankfurt NJW 1998, 2834; Stein/Jonas Leipold, ZPO, 22. Aufl. 2006, § 404 a Rdn. 14).

3 Erforderlichkeit von Bauteilöffnungen

Ist ein Eingriff in die zu untersuchende Sache (z. B. Konstruktionsöffnungen bei einem Bauwerk) notwendig, muss er vorgenommen werden. Der Eingriff ist zur Beantwortung der Beweisfrage und Entscheidung des Rechtsstreits notwendig.

Das Ergebnis darf nicht sein, dass der Rechtsstreit nicht entschieden werden kann, weil der Sachverständige den Auftrag zwar übernimmt, sein Gutachten aber die Beweisfrage nicht beantwortet, weil der Sachverständige eine Bauteilöffnung mit der Begründung nicht vornimmt, derartige Öffnungsarbeiten seien bei öffentlich bestellten Sachverständigen bei eventuellen Schäden durch die Haftpflichtversicherung nicht gedeckt (wie im Fall OLG Celle vom 08.02.2005 -7 W 147/04).

Das Gericht muss dann dafür sorgen, dass die Bauteilöffnung erfolgt, um seiner eigenen Aufklärungspflicht nachzukommen.

Die Ausführung des gerichtlichen Auftrages ist dann Sache des Sachverständigen als sachverständige Hilfsperson des Gerichts.

(OLG Frankfurt NJW 1998,2834; BauR 1998,1052).

4 Anweisungsrecht des Gerichts

Diese Frage ist unter folgendem Spannungsverhältnis zu betrachten:

- Aufklärungspflicht des Gerichts im Rahmen des eigenen Verfahrens
- Aufgabe der beweispflichtigen Partei, die Voraussetzungen für eine Begutachtung zu schaffen.
- Ureigenste Aufgabe des Sachverständigen, dafür zu sorgen, dass die tatsächlichen Voraussetzungen für die Erledigung seines Gutachtenauftrages geschaffen werden.

In Literatur und Rechtsprechung ist streitig, ob ein Gericht befugt ist, gemäß § 404 a ZPO einem Sachverständigen die Weisung zu erteilen, die von ihm zur Erstattung seines Gutachtens für erforderlich erachteten Bauteilöffnungen auf eigene Verantwortung vorzunehmen.

4.1

Nach der einen Meinung kann das Gericht den Sachverständigen gemäß § 404 a ZPO zur Bauteilöffnung anweisen und der Sachverständige hat dem Folge zu leisten. Aus der Systematik der §§ 404, 404 a, 407, 407 a und 408 ZPO ergibt sich ohne Weiteres die Verpflichtung des Sachverständigen, gutachterliche Fragen, deren Beantwortung in sein Fachgebiet fällt, zu beantworten und sich hierfür erforderlichenfalls der Mithilfe anderer Personen zu bedienen, wenn und soweit notwendige Arbeiten nicht von ihm verrichtet werden können. Zur Verweigerung der Zuziehung von Hilfspersonen sei der Sachverständige hingegen weder nach § 407 a ZPO noch nach § 408 ZPO berechtigt. Vielmehr habe der Sachverständige als seine ureigenste Aufgabe dafür zu sorgen, dass die tatsächlichen Voraussetzungen für die Erledigung seines Auftrages geschaffen werden. Jedenfalls, wenn der Eigentümer des Bauwerks zustimme, müsse der Sachverständige auf Weisung des Gerichts Bauteilöffnungen und Verschließungen vornehmen.

OLG Jena ZfIR 2007, 253; OLG Stuttgart OLGR 2006, 769; OLG Celle BauR 2005, 1358; 1052; OLG Düsseldorf BauR 1997, 697; OLG Frankfurt vom 26.02.1998 -18 U 50/95- = BauR 1998, 1052; LG Kiel vom 30.01.2009 -9 OH 49/07-).

4.2

Nach anderer Meinung, vom OLG Hamm, Beschluss vom 18.10.2005 -26 U 16/04- als Ansicht der neueren Rechtsprechung bezeichnet, ist es Aufgabe der Prozessparteien oder Parteien des selbstständigen Beweisverfahrens, die Voraussetzungen für eine Begutachtung zu schaffen. Das Gericht ist nicht befugt, den Sachverständigen anzuhalten, Bauteile zum Zweck der Begutachtung zu öffnen und anschließend wieder zu verschließen. Der Sachverständige werde nach dem Gesetz zur Begutachtung von Sachverhalten herangezogen. Er trete insoweit an die Stelle des Richters, dem mangels Sachverstandes die Begutachtung nicht möglich sei. Ebenso wie der Richter nicht gezwungen sei, Bauteile zu öffnen, dürfe es auch der Sachverständige nicht sein. Es sei vielmehr allein Sache der Parteien, die Voraussetzungen für eine Begutachtung zu schaffen. Von einem Bausach-verständigen könne in der Regel aufgrund seiner Ausbildung und infolge des Zuschnitts seines Gewerbes nicht erwartet werden, dass er die für die Erstellung seines Gutachtens erforderliche Öffnung von Bauteilen selbst vornehme. Dieser Eingriff in die Bausubstanz könne im Hinblick auf Schadensersatzforderungen des Eigentümers mit erheblichen finanziellen Risiken verbunden sein. Sachgerecht sei es deshalb, dem Antragsteller direkt aufzugeben, die Voraussetzungen für eine Gutachtenerstattung zu schaffen.

OLG Naumburg BauR 2005, 1686; 1052; OLGR 2004, 145; OLG Rostock vom 04.02.2002 -7 W 100/01 = BauR 2003, 757; OLG Bamberg vom 09.01.2002 -4 W 129/01 = BauR 2002, 829; LG Saarbrücken, Beschluss vom 05.04.2013 -15 OH 41/11-; Werner-Pastor, Der Bauprozess, 13. Aufl., Rdn 91; Ulrich, selbständiges Beweisverfahren mit Sachverständigen, 2. Aufl. Rdn 5.6.6; Kniffka/Koeble, Kompendium des Baurechts, 3. Aufl. Rdn. 125–127; Dötsch NZ Bau 2008, 217).

Das OLG Hamm formuliert:

Grundsätzlich ist die beweisbelastete Partei verpflichtet, nicht offen liegende Bauteile für eine Begutachtung durch den vom Gericht eingesetzten Sachverständigen zugänglich zu machen. Die dem Gericht zugewiesene Pflicht, die Tätigkeit des Sachverständigen zu leiten, berechtige es nicht, den Sachverständigen anzuweisen, die für die Beantwortung der Gutachtenfrage notwendigen Substanzeingriffe selbst oder durch von ihm beauftragte Hilfskräfte vorzunehmen.

(OLG Hamm, Beschluss vom 18.10.2005 -26 U 16/04-)

Bei entgegenstehendem Willen des gerichtlich bestellten Bausachverständigen, eine Bauteilöffnung vorzunehmen, kann ihm diese Handlung nicht im Rahmen der gerichtlichen Leitung der Sachverständigentätigkeit aufgegeben werden. Auch § 407 a Absatz 2 ZPO, der die Hinzuziehung von Hilfskräften gestattet, erweitere nach Wortlaut und Systematik den Pflichtenkreis des Sachverständigen nicht.

(LG Limburg, Beschluss vom 20.05.2007 -2 O 170/06)

Der Bundesgerichtshof hat zu dieser Frage bis heute nicht Stellung genommen.

Am Rande:

Nach OLG Köln vom 15.03.2010 -11 W 14/10- ist die Entscheidung des Gerichts über den Antrag, den Sachverständigen anzuweisen, eine Bauteilöffnung vorzunehmen, nicht mit einem Rechtsmittel angreifbar.

A. A. die wohl überwiegende Ansicht, z. B. OLG Celle vom 08.02.2005 -7 W 147/04

Es ist müßig die Debatte fortzusetzen, welcher Ansicht der Vorzug zu geben ist.

Die Untergerichte werden der Ansicht des jeweiligen Oberlandesgerichts folgen.

Klarheit wird erst eine Entscheidung des Bundesgerichtshofs bringen.

Einigkeit sollte darüber bestehen, dass das Ergebnis nicht sein darf, dass eine für die Begutachtung erforderliche Bauteilöffnung aus formalen Gründen unterbleibt, deswegen das Gutachten die Beweisfrage nicht vollständig beantwortet, und damit eine Entscheidung des Rechtsstreits nicht möglich ist.

4.3 Möglichkeiten im einzelnen Fall

Der Sachverständige ist nach § 407 a Absatz 2 ZPO verpflichtet, das Gutachten persönlich zu erstatten oder mitzuteilen, dass er hierzu nicht in der Lage ist.

Mit Übernahme des Sachverständigenauftrages geht die weitere Zuständigkeit auf den Sachverständigen über. Der Sachverständige hat es in der Hand, wie er weiter verfährt.

Die Ansicht, eine Anweisung an den Sachverständigen sei zulässig, zeigt bereits Möglichkeiten auf, wie der Sachverständige eine Bauteilöffnung bewirken kann

(Thüringer Oberlandesgericht vom 18.10.2006 -7 W 302/06-; OLG Celle vom 08.02.2005 -7 W 147/04).

Der Sachverständige kann mit und ohne Anweisung des Gerichts

- die Übernahme des Gutachtenauftrags ablehnen (§ 407 a Absatz 1 ZPO), wenn er Bauteilöffnungen nicht vornehmen kann oder will
- Vorbereitungsarbeiten durch die beweispflichtige Partei selbst ausführen lassen, falls diese die Sachherrschaft über das Beweismittel hat
- er kann sie selbst übernehmen
- er kann sie an Dritte vergeben.

Bei der Umsetzung muss er in allen Fällen mit der Unterstützung des zuständigen Gerichts rechnen können, das der jeweiligen Partei eine Frist setzen und/oder das Verhalten als Beweisvereitelung werten kann.

Die bei der Durchführung des Gutachterauftrages durchaus auftretenden Probleme sind für den Sachverständigen nicht unlösbar.

- Abschluss einer gesonderten Haftpflichtversicherung bei eigener Ausführung

- Ausschluss der Gewährleistung gegenüber dem Eigentümer des Objekts - eventuell nach Aufforderung des Gerichts - nebst Abtretung der Schadensersatzansprüche des vom Sachverständigen beauftragten Drittunternehmers.

5 Probleme vor Ort

Ordnet das Gericht solche Maßnahmen an, sind sie gleichwohl nur zulässig, wenn der betroffene Verfügungsberechtigte einwilligt

(OLG Brandenburg BauR 1996,432).

5.1 Zurverfügungstellung von Urkunden

Werden Unterlagen (Pläne, Aufmaße usw.) benötigt, die sich aber beim Antragsgegner oder Dritten befinden, gab es innerhalb des selbständigen Beweissicherungsverfahrens früher keine prozessuale Möglichkeit, die Vorlage zu erzwingen.

Eine Weigerung der am jeweiligen Verfahren beteiligten Parteien selbst, trotz Zumutbarkeit der Vorlage, kann auch weiterhin als Beweisvereitelung bewertet werden.

Nunmehr sehen die §§ 142, 144 ZPO Vorlagepflichten auch für den Dritten vor (BGH BauR 2007, 749), wobei aber wieder streitig ist, ob die §§ 142, 144 ZPO über § 392 ZPO im selbstständigen Beweisverfahren überhaupt anwendbar sind.

5.2 Notwendige Mitwirkung des Antragstellers/Klägers

Die faktischen Voraussetzungen für die Begutachtung zu schaffen, ist unabhängig von der Frage, wer die Vorbereitungsarbeiten für das Gutachten zu erbringen hat, grundsätzlich Sache des Beweispflichtigen (§ 371 Absatz 3 ZPO), wozu er u. U. durch das Gericht anzuhalten ist.

Ist der Beweispflichtige Eigentümer oder Besitzer des zu begutachtenden Gebäudes und verweigert er eine Bauteilöffnung, hat der Sachverständige keine eigene Handhabe.

Der Sachverständige ist auf die Unterstützung des Gerichts angewiesen.

Das Gericht kann den Beweispflichtigen unter Fristsetzung auffordern, mitzuteilen, ob er die von ihm gewünschten Bauteilöffnungen selbst durchführt/führen lässt, so dass der Sachverständige anschließend die Begutachtung fortführen (so LG Saarbrücken vom 05.04.2013 -15 OH 41/11-) und/oder das Verhalten als Beweisvereitelung einstufen kann.

5.3 Notwendige Mitwirkung des Antragsgegners/Beklagten

Ist der Antragsgegner/Beklagte Eigentümer oder Besitzer des zu öffnenden Gebäudes und verweigert er eine Bauteilöffnung, hat der Sachverständige ebenfalls keine eigene Handhabe.

Der Sachverständige ist wieder auf die Unterstützung des Gerichts angewiesen.

Das Gericht kann den Antragsgegner unter Fristsetzung auffordern, mitzuteilen, ob er die notwendige Bauteilöffnung duldet, so dass der Sachverständige anschließend die Begutachtung fortführen und/oder das Verhalten als Beweisvereitelung einstufen kann.

5.4 Notwendige Mitwirkung eines Dritten

Die rechtliche Problematik ist komplizierter, da der Dritte nicht am Verfahren beteiligt ist.

1.) Ist bei der Beweisaufnahme die Mitwirkung eines Dritten notwendig, weil sich das Grundstück oder die zu besichtigende Sache im Besitz oder Eigentum weder des Antragstellers noch des Antragsgegners befindet, hat der Beweispflichtige die entsprechende Zustimmung dieses Dritten einzuholen.

(Werner/Pastor, Der Bauprozess, 13. Aufl. Rdn. 90).

Das ist jedenfalls nicht Aufgabe des Sachverständigen.

Weigert sich der Beweispflichtige, diese Zustimmung des Dritten einzuholen, hat der Sachverständige keine eigene Handhabe.

Der Sachverständige ist auf die Unterstützung des Gerichts angewiesen.

Das Gericht hat den Beweispflichtigen hierzu anzuhalten.

2.) Weigert sich dann der Dritte, die Zustimmung zu erteilen, hat der Sachverständige selbst wieder keine Handhabe.

Der Sachverständige ist auf die Unterstützung des Gerichts angewiesen.

Die Rechtsprechung zur Duldungspflicht des Dritten ist wieder uneinheitlich.

Nach OLG Karlsruhe und OLG Köln besteht selbst für den Antragsgegner im selbstständigen Beweisverfahren keine prozessuale Verpflichtung, an der Beweiserhebung mitzuwirken, weil im selbstständigen Beweisverfahren der Antragsteller als beweisbelastete Partei aufgrund einer allgemeinen Mitwirkungspflicht keinen Anspruch auf Mitwirkung des Gegners hat.

OLG Karlsruhe NJW-RR 2002,951; OLG Köln OLGR Köln 2002,129

Teilweise wird die Ansicht vertreten, über § 144 ZPO bestehe die Möglichkeit, dem Dritten die Duldung der Ortsbesichtigung durch das Gericht und/oder durch den Sachverständigen zum Zweck der Begutachtung aufzugeben.

(KG NJW-RR 2006,241; OLG Frankfurt, Beschluss vom 06.02.2003 -12 W 12/03-; Werner-Pastor, Der Bauprozess, 13. Aufl., Rdn 90)

> § 144 (Augenschein; Sachverständige)
>
> (1) Das Gericht kann die Einnahme des Augenscheins sowie die Begutachtung durch Sachverständige anordnen
>
> Es kann zu diesem Zweck einer Partei oder einem Dritten die Vorlegung eines in ihrem oder seinem Besitz befindlichen Gegenstandes aufgeben und hierfür eine Frist setzen.
>
> Es kann auch die Duldung der Maßnahme nach Satz 1 aufgeben, sofern nicht eine Wohnung betroffen ist.
>
> (2) Dritte sind zur Vorlegung oder Duldung nicht verpflichtet, soweit ihnen diese nicht zumutbar ist oder sie zur Zeugnisverweigerung gemäß § 383 bis 385 berechtigt sind.
>
> Die §§ 386 bis 390 gelten entsprechend.
>
> (3) Das Verfahren richtet sich nach den Vorschriften, die eine auf Antrag angeordnete Einnahme des Augenscheins oder Begutachtung durch Sachverständige zum Gegenstand haben.

Andererseits hat das Kammergericht am 10.04.2013 die Ansicht vertreten, die §§ 142–144 ZPO seien im selbstständigen Beweissicherungsverfahren nicht anwendbar, das Kammergericht hat dann aber diese Frage doch wieder offen gelassen, weil im konkreten Fall bereits die Voraussetzungen der §§ 142 bis 144 ZPO nicht vorlägen.

Die Vorlage von Urkunden sei nicht erforderlich und der Dritte könne sich auf ein Zeugnisverweigerungsrecht berufen.

(KG vom 10.04.2013 -9 W 94/12-)

Der Bundesgerichtshof hat es jetzt am 16.05.2013 – leider – ebenfalls ausdrücklich offen gelassen, ob 144 ZPO über § 492 Absatz 1 ZPO im selbstständigen Beweissicherungsverfahren Anwendung findet.

(Beschluss vom 16.05.2013 -VII ZB 61/12-)

Die zwangsweise Umsetzung der Duldungspflicht des Dritten ist wieder aufwändig. Die Frage, ob der Dritte zur Duldung verpflichtet ist, ist gemäß § 144 Absatz 2 Satz 2, 387 ZPO in einem sogenannten Zwischenstreit mit förmlicher Beteiligung des Dritten vorzunehmen, da der Dritte materiell betroffen ist und seine Rechte nur als Verfahrensbeteiligter ausreichend wahrnehmen und Rechtsmittel einlegen kann.

(OLG Stuttgart vom 11.01.2011 -10 W 56/10-; BGH vom 16.05.2013 -VII ZB 61/12;).

5.5 Besonderheit im Wohnungseigentumsrecht

Der BGH hat in der Entscheidung vom 16.05.2013 insoweit Position bezogen, als dass das Gericht einem am selbstständigen Beweisverfahren nicht beteiligten Dritten nicht aufgeben kann, eine Bauteilöffnung in seiner Wohnung zum Zweck der Beweissicherung zu dulden. Der BGH hat dies mit § 144 Absatz 1 Satz 3 ZPO und Art 13 Grundgesetz begründet, letztlich aber nur auf Art 13 Grundgesetz abgestellt.

Der Bundesgerichtshof hat den Schutz weit gezogen: Träger des Grundrechts aus Art 13 GG sind neben natürlichen Personen auch juristische Personen und sonstige Personenvereinigungen des Privatrechts und damit auch die Verwalterin von Wohnungseigentum. Bei Gemeinschaftseigentum nach § 1 Absatz 5 WEG sind Bauteilöffnungen an der Außentreppe, dem Flachdachanschluss einer Wohnung, im Eingangselement, der Decke des Fahrradkellers und der Tiefgarage einer Duldungsanordnung nach § 144 Absatz 1 Satz 3, Absatz 2 Satz 1 ZPO entzogen.

Es kommt nicht darauf an, ob der Sachverständige ausschließlich von außen Bauteilöffnungen vornehmen muss, da der Außenbereich ebenso wie der Innenbereich über Art 13 GG geschützt wird.

6 Wiederverschließen der Bauteilöffnungen

Zulässig sind auch Weisungen an den Sachverständigen, die Folgen solcher Eingriffe wieder zu beseitigen (OLG Celle BauR 1998,1281).

7 Gewährleistung des Sachverständigen

Die Problematik bleibt.

Nimmt der Sachverständige die Bauteilöffnung durch seine eigene Firma vor, ist er in der Gewährleistung.

Der Sachverständige hat es aber selbst in der Hand, auf seine Gewährleistungspflichten Einfluss zu nehmen.

8 Kostentragung

Wird der Sachverständige selbst tätig oder beauftragt er einen Drittunternehmer mit der Bauteilöffnung, handelt es sich um eine Maßnahme zur Vorbereitung der Inaugenscheinnahme des Sachverständigen, so dass der dadurch angefallene Kostenaufwand als sonstige Aufwendungen gemäß § 12 Absatz 1 Nr. JVEG zu erstatten ist.

(OLG Hamm vom 02.12.2011 -25 W 200/11

9 Schlussfolgerung

Im Hinblick auf die letztlich unterschiedlichen Interessen des Sachverständigen und des Gerichts gibt es und wird es eine alle Probleme lösende Option nicht geben.

Das Sachverständigengutachten ist kein Selbstzweck.

Es hat den Zweck, die Beweisfrage vollständig zu beantworten, damit das Gericht seinerseits den Rechtsstreit entscheiden kann.

Vor Ort sind die Probleme des Sachverständigen dieselben, ob der Sachverständige nun vom Gericht angewiesen wird oder nicht:

- Die Bauteilöffnung ist vorzunehmen, um die Beweisfrage vollständig beantworten zu können.
- Zustimmungen sind einzuholen.

Der Sachverständige hat dazu die aufgezeigten Möglichkeiten.

Eine Weigerung des Sachverständigen nach Übernahme des Auftrages, eine Bauteilöffnung durchzuführen, ist keine Lösung, da dadurch der Zweck des Auftrags gefährdet wird.

In meiner schon etwas längeren Praxis sind Probleme mit Bauteilöffnungen nur in sehr geringem Umfang aufgetreten.

In den wenigen Fällen, in denen Probleme auftauchten, wurden diese in Zusammenarbeit mit dem Sachverständigen durch die beschriebenen Möglichkeiten gelöst, unabhängig davon, ob ich den Sachverständigen zur Bauteilöffnung angewiesen hatte oder nicht.

Die Formulierung »Der Sachverständige wird angewiesen, Bauteilöffnungen vorzunehmen, soweit dies erforderlich ist«, bedeutet nicht, dass der Sachverständige die Bauteilöffnung selbst bzw. persönlich ausführt.

Ich halte eine solche Anweisung durchaus für nützlich, damit den Parteien von Anfang an klar ist, dass es zu Substanzeingriffen kommen kann, die vom Gericht bereits genehmigt sind.

Einem Gericht kann aber durchaus die erforderliche Weitsicht zugetraut werden, dass es einem Dipl.-Ing Architekten ohne eigenen handwerklichen Betrieb nicht zumutet, selbst Hand anzulegen.

Ich weiß, dass Herr Dr. Kindereit das uns heute beschäftigende Problem der Bauteilöffnung in der Praxis im Einverständnis mit den Parteien zu lösen versteht.

Ich nehme an, er wird uns nachfolgend die vor Ort erfolgreiche Argumentation näher bringen.

Notfalls kann der Sachverständige immer mit der Einschaltung des zuständigen Gerichts »drohen«.

Autor

- Bodmann, Hans-Heiner; Dr.
- VRiLG, Landgericht Hannover

Sachverständige und Eingriffe in die Bausubstanz Teilreferat: Der Sachverständige in der Praxis

Eduard Kindereit

1 Grundsätzliches

Bei privaten Aufträgen stellt sich das Problem der Ausführung von Substanzeingriffen in aller Regel nicht, denn der Auftraggeber gutachterlicher Leistungen ist an der Lösung der bautechnisch fehlerhafter Details interessiert, weshalb er dem Sachverständigen im Normalfall keine Beschränkungen auferlegt. Allerdings gibt es auch hier Ausnahmen, z. B. den »Klassiker«, in dem ein Mieter einem Vermieter die Ursachen für einen festgestellten Schimmelpilzbefall nachweisen will. In einem solchen Fall kann der Sachverständige nur zerstörungsfrei Befund erheben – es sei denn, der Vermieter gab vorab seine Zustimmung zu Substanzeingriffen (sehr seltene Ausnahme!).

Dieser Beitrag beschäftigt sich mit der praktischen Tätigkeit eines im gerichtlichen Auftrage tätigen Sachverständigen.

Welche rechtlichen Voraussetzungen erfüllt sein müssen, um einen Substanzeingriff auszuführen, klärte Herr Dr. Bodmann in seinem Teilreferat. Ich knüpfe daran insoweit an, als dass ich davon ausgehe, dass die Zustimmung des Eigentümers zu Substanzeingriffen vorliegt.

2 Notwendigkeit von Substanzeingriffen

Im Allgemeinen stehen **Symptome** in der Diskussion, also z. B. an der Innenseite einer Außenwand gibt es gelblich-braune Flecken. Dann geht ein Sachverständiger pflichtgemäß so vor, dass er die **Quelle** der Symptome bestimmt. Im genannten Beispiel fällt ein großer Verdacht auf eine Wasserbelastung. Stellt sich also die Frage, woher das Wasser kommt – man muss also die **Ursache** finden.

In den allermeisten Fällen helfen hier die zahlreichen auf dem Markt erhältlichen »Messgeräte« (besser: Prüfgeräte) nicht weiter. Sie arbeiten zwar größtenteils zerstörungsfrei – ggf. minimalinvasiv –, jedoch liefern sie nur orientierende, bestenfalls qualitative Ergebnisse. Man wird folglich die Ursache nicht durch »Hand auflegen« finden, sondern muss die Bauweise des symptombelasteten Bauteils genauer kennen. Und dies gelingt nur durch einen Blick in die Konstruktion – mithin man muss sie öffnen.

3 Wer führt die Substanzeingriffe aus?

Die aus Sicht des Sachverständigen unproblematischste Lösung ist, die beweisbelastete Partei davon zu überzeugen, dass sie Firmen ihres Vertrauens beauftragt. Selbstverständlich dürfen keinerlei Arbeiten in Abwesenheit des Sachverständigen ausgeführt werden.

Häufig gelingt es einem moderierenden Sachverständigen auch, die Arbeiten von den Parteien selbst ausführen zu lassen, z. B. in einem Verfahren, in dem ein Bauherr gegen seinen Dachdecker wegen vermeintlicher Fehler an einer Flachdachabdichtung vorgeht.

Führen die beiden erstgenannten Wege nicht zu Erfolg, dann beauftrage ich Firmen meines Vertrauens, die naturgemäß mehrheitlich in der Region Hannover ansässig sind. Die insoweit im Vergleich zu Firmen aus der Umgebung des Objektstandortes höheren Kosten sind für mich unerheblich. Allerdings bin ich verpflichtet, dem Gericht Mitteilung im Hinblick auf einen ausreichenden Auslagenvorschuss zu machen.

4 Besteht eine Pflicht zur Wiederherstellung der Substanzeingriffstellen?

Hat eine Partei den Handwerker selbst beauftragt, so ist er auch für die Wiederherstellung zuständig. Art und Umfang der Wiederherstellung liegen in der Entscheidung der Partei.

Wird hingegen der Handwerker in meinem Auftrag tätig, so muss auch die Wiederherstellung beauftragt sein. Wiederherstellung ist wörtlich zu nehmen; sie bedeutet keinesfalls die Beseitigung etwa festgestellter Baufehler. Die Maßnahmen dienen allein dem Schutze der Bausubstanz, das heißt, der Zustand nach der Wiederherstellung muss annähernd dem vor dem Substanzeingriff entsprechen.

Ein wichtiges Detail wird häufig vergessen:

Die Wiederherstellungsarbeiten sollten förmlich abgenommen werden, und zwar vom Eigentümer in meiner oder eines meiner Mitarbeiter und der Handwerker Anwesenheit. Denn die handwerklichen Arbeiten unterliegen dem Werkvertragsrecht mit allen Konsequenzen, insbesondere der Mängelansprüche und deren Verjährung. Deshalb ist die Unterschrift des Eigentümers unter dem Abnahmeprotokoll wichtig und notwendig.

5 Vorbereitende Hinweise

In zahlreichen Fällen kann die Wiederherstellung der Substanzeingriffstellen handwerklich / technisch nicht so ausgeführt werden, dass man die Stellen hinterher nicht mehr erkennt. Deshalb gebe ich in dem Einladungsschreiben zur Ortsbesichtigung die entsprechenden Hinweise und bitte um Mitteilung, ob die Substanzeingriffe gleichwohl ausgeführt werden sollen.

Hierzu zwei Beispiele:

Bei Substanzeingriffen in Verblendmauerwerk bleiben Abweichungen der einzusetzenden Ziegel in Form und Farbe sowie der Farbe des Fugenmörtels wahrscheinlich.

Bei Substanzeingriffen in Wärmedämmverbundsystemen gelingt die Wiederherstellung der Putzfläche kaum ohne Unterschiede in der Struktur und der Farbe des Putzes, insbesondere im Übergang von altem zu neuem Putz.

Ein besonderes technisches Problem stellen Substanzeingriffe in häuslichen Bädern, bei denen die Abdichtung im Verbund mit den Fliesen hergestellt wurde, dar. Hier muss klar herausgestellt werden, dass eine partielle Reparatur der Substanzeingriffstelle technisch unmöglich ist. Bei günstigen Voraussetzungen muss man davon ausgehen, dass mindestens die Wand, in der Substanzeingriffe vorgenommen wurden, neu abgedichtet und verfliest werden muss. Problem: Was ist zu tun, wenn keine passenden Fliesen mehr vorhanden sind?

6 Grenzen des Umfanges der Substanzeingriffe

Grundsätzlich gilt, dass Substanzeingriffe nur Stichprobencharakter haben können. Sollte dies nicht so sein, so müsste man z. B. eine gesamte Vormauerschale abbrechen, um z. B. Fehler bei der Montage des Wärmedämmstoffes zu erkennen.

Trotz dieses allgemein bekannten Grundsatzes bedient sich die durch das Gutachten technisch benachteiligte Partei gerne des Vorhaltes, die an den Stichproben angetroffenen Zustände seien eben nur Stichproben, mitnichten könne der Befund für die gesamte Wand gelten. Um diesem Vorhalt vorzubeugen, frage ich die Parteien stets, ob die Erkenntnisse repräsentativ gelten können. Die Angaben der Parteien sind zu protokollieren und im Gutachten niederzuschreiben. Wenn eine Partei der Allgemeingültigkeit des Befundes nicht zustimmt, dann führe ich weitere Substanzeingriffe durch, bis eine Systematik erkennbar (offensichtlich) ist und befrage die Parteien erneut.

Hierzu ein Beispiel:

Auf einem ca. 25.000 m² großen Flachdach liegen weichere und härtere Wärmedämmstoffplatten; dies ist durch Begehen dem Grunde nach erkennbar. Das Gericht fragte im Beschluss aber auch, zu wieviel Prozent der Fläche liegen weiche und harte Dämmstoffplatten?

Diese Frage ist nur zu beantworten, wenn auf dem gesamten Flachdach, also auf 25.000 m² die Abdichtung aufgenommen wird, damit man alle Dämmstoffplatten in Augenschein nehmen kann. Das bedeutet aber auch, dass das gesamte Flachdach allein aus Gründen der Befunderhebung saniert werden muss.

Ein weiteres häufig auftretendes Thema:

Ein Diskussionspunkt ist, inwieweit zerstörungsfreie Prüfverfahren Substanzeingriffe ersetzen können. Oft wird bei der Analyse von Schimmelpilzbefall an der Innenseite von Außenwänden vorgetragen, man bräuchte doch nur eine Thermografie durchzuführen und man hätte Wärmebrücken geortet. Diese Annahme ist im Regelfall falsch. Eine Thermografie liefert (lediglich) qualitative Hinweise, denen mittels Substanzeingriffen nachzugehen ist.

7 Sicherheit bei Substanzeingriffen

Grundsätzlich gilt, dass alle Arbeiten an einem Gebäude, mithin auch Substanzeingriffe, nur von sicheren Plattformen aus ausgeführt werden dürfen. Das bedeutet z. B. bei Arbeiten an Fassaden oder Dächern die Aufstellung eines Gerüstes oder den Betrieb einer Arbeitsbühne. Bei letzterem muss der Sachverständige entscheiden, ob er die Bühne selbst bedienen will oder sie mit Bedienung bestellt. Aus versicherungsrechtlichen Gründen rate ich dazu, die Bühne nicht selbst zu fahren.

Es schließt sich die Frage an, welche Ausrüstung für die Ortsbesichtigungsteilnehmer zwingend ist. Darf z. B. ein Rechtsanwalt im Anzug und leichten Lederschuhen ein Gerüst »beklettern«? Gelten die Unfallverhütungsvorschriften für jeden?

Gibt es eine Pflicht des Sachverständigen, z. B. im Einladungsschreiben auf die persönliche Sicherheitsausrüstung für die unmittelbare Teilnahme am Ortstermin hinzuweisen?

Nicht selten wird der Versuch unternommen (gerne auch mit Hinweis auf die Kosten), den Sachverständigen zum Klettern zu überreden, z. B. zum Steigen auf einem gedeckten, geneigten Dach über die so genannte Dachdeckerleiter, die nur aus einzelnen hochgeschobenen Ziegeln besteht.

Autor

- Kindereit, Eduard; Dr.-Ing.
- Kindereit Ingenieure